物种的存在与定义

The Status and Definition of Species

周长发 杨 光 编著

科学出版社

北京

内 容 简 介

物种是生物学的核心概念，也是生物存在的基本单元，对其本质的正确认识和准确把握是理解进化论、生态学以及生物系统学甚至整个生物学的基础和起点。本书系统有序地介绍了几乎历史上所有的物种定义及其主要观点，并对物种在自然界的存在、起源和灭绝理论也有所论述。在此基础上，作者还提出了自己对物种的定义及看法。

本书图文并茂、语言简洁，论述深入浅出，可供生物多样性、生物系统学和进化论研究人员阅读参考，也可作为生物学专业本科生和研究生的指导教材。

图书在版编目(CIP)数据

物种的存在与定义/周长发，杨光编著. —北京：科学出版社，2011
ISBN 978-7-03-031147-4

Ⅰ.①物… Ⅱ.①周… ②杨… Ⅲ.①物种-研究 Ⅳ.①Q111.2

中国版本图书馆 CIP 数据核字（2011）第 093070 号

责任编辑：王海光　孙　青/责任校对：钟　洋
责任印制：赵　博/封面设计：耕者设计工作室

科 学 出 版 社 出版
北京东黄城根北街 16 号
邮政编码：100717
http://www.sciencep.com

固安县铭成印刷有限公司印刷
科学出版社发行　各地新华书店经销

*

2011 年 6 月第 一 版　开本：B5（720×1000）
2018 年 1 月第三次印刷　印张：14
字数：258 000

定价：68.00 元
（如有印装质量问题，我社负责调换）

资助项目

南京师范大学动物学国家重点学科
教育部"211"三期重点学科建设项目"动物多样性与功能基因研究"
江苏高校优势学科建设工程资助项目（生物学）
江苏省生物多样性与生物技术重点实验室
江苏省高校重大基础研究计划（07KJA18016）"重要濒危和经济水生动物遗传多样性与种质遗传资源现状及其保护与利用"
国家自然科学基金重点项目（30830016）
南京师范大学创新团队项目（0319PM0902）

知识之基　生命之石

The species is the fundamental concept of biology and basic unit of life!

争起于异　辩止于理

The consensus usually roots in and surfaces from debate！

序

　　生物有机体在自然界以物种作为组成单元的形式长期存在，也以物种为进化基本单元的形式演绎着自然选择和适应的精彩过程，它更是人类认识生物、了解生命现象的基本分类单元。因此，对物种这一概念和本质的科学认识和正确把握是生物学研究的基础。然而，由于生物进化历史漫长悠远、生物物种形成复杂、生物研究历程曲折婉转、人类认识的主观和局限，对物种存在的认识及其本质的定义和限定长期以来纷争不断、众说不一，且随生物学的蓬勃发展和更新演进，这一争论还在不断发展。可以说，物种问题是生物学中最让人激动也最让人烦恼的本质问题之一，也是亟待解决的核心问题之一。

　　长期以来，国际上对此问题的研究十分重视，观点层出不穷，但国内对此问题的参与和讨论相对较少，更鲜有提出让人耳目一新的观点和意见。这种状况给我国生物学尤其是生物系统学、进化论、分类学等多个分支学科的教学和研究带来了一些问题。

　　该书作者不畏艰辛地持续关注、长期跟踪，近年来更是广泛收罗、深入比对、潜心思考，取得了独特心得和新颖成果，他们的巧思妙想、刻求苦寻、所得所获和博览广阅都包含于这本《物种的存在与定义》书中。

　　该书分 16 章，对物种在自然界的存在、起源和灭绝，人类对其的定义、描述、分类和区别等相关问题进行了深入浅出、图文并茂的介绍，尤其是对多样繁杂的物种定义进行了分门别类和对应比较，使读者可以在阅读过程中十分容易地认识到各种定义的长短之处、适用之域、取舍之道和好坏之别。值得一提的是，作者还用一整章的篇幅对主要物种定义之间的联系与区别、共性与变化、相同与不同、外延与内涵、本质与表象等方面进行了深入的对比和梳理、简化与明确，这可使读者较轻松地获得知识、明辨论点、磨砺视角和裁选观点。难能可贵的是，作者在此基础上还提出了自己对物种的定义，其综合了现代多种定义的长处，使描述与定义、标准与判断、主观与客观、实用与理论等多个方面取得了相对统一的协调，是可喜的新视角和新观点。

　　综览全书，其文字流畅明白、笔墨纵横驰骋、图文相辅相成、叙述活泼有序、见解独到深刻，表现出作者对生物分类理论有精深掌握、对进化理论有全面理解。该书是我国研究人员对物种这一生物学核心问题研究的又一较大进展，相信它的出版与发行会对我国生物学的研究有诸多助益，欣然为序。

中国科学院院士

2011 年 4 月

前 言

凡事需求其根本，知其要素。孙子有云："声不过五，五声之变，不可胜听也；色不过五，五色之变，不可胜观也；味不过五，五味之变，不可胜尝也。"是故一旦领会事物之原理、掌握变化之机制，则能融会贯通、高登远览、内统外合也！

生物之根本在于物种，生命之元素在于种群。然生物物种丰富多彩、形态千奇百怪，对其之定义古今中外论文虽已浩瀚如海、使之得描述五湖四海愿望也深切似谷，但时至今日，仍未见有一统之说、广受之论。且随生物宏观之学蓬勃发展、微观之说日臻完善，奇思妙想更是层出不穷、新说高论也就频绵不绝。而以我观之，物种之议虽流派众多、种群之作已汗牛充栋，但大多隔靴搔痒，甚至炫弄文字，少有切中要害、深得要领者也。

况生物之学源于异邦、兴于西方。因语言之隔、文化之别，我等宏观研究常常流于细枝末节、未能触及核心本质。如仅以具体生物之解剖描述，国人也屡有斩获；然若论抽象物种之定义概括，吾民则鲜有创造。吾虽不才，却钟情于进化分类之说、好奇于基础本质之论，又因教学之需、授课之用，对物种定义、种群概念等基本问题也曾广泛阅读、仔细比对、深入思考。偶有心得，便下笔以记；稍有新知，就开纸以录。锱铢积累、汇成此辑。只望给有需者以资料、省同道者以时间，不敢以论著称矣！

我本有幸，生于生物之学勃兴之时；吾也不幸，恰逢重学之风式微之季。而我却坚守清冷之业，苦思玄奥之题。愚乎？忠乎？

周长发

2011 年春于南京师范大学生命科学学院

zhouchangfa@njnu.edu.cn

目　录

1 地球上的物种数目及其估计

　　生物与人类息息相关、关系密切。在人类生活的周围，就存在着各式各样的生物，如猪、牛、羊、马、狗、猫、蟑螂、苍蝇、蚊子等。如果你再仔细观察，在人居附近也会看到更多形形色色的生物，如蜻蜓、蝴蝶、飞鸟、鱼儿等，显示这个世界上的生物是极其多样的（图 1.1）。那么地球上到底有多少生物物种呢？

图 1.1　植物多样性示例

1.1　全球物种数目的估计

　　欧洲的生物种类研究得较早也较彻底，此处的数据有一定的权威性和代表性。Stork 和 Gaston（1990）认为英国有蝴蝶 67 种，昆虫约 2.2 万种。而全世界的蝴蝶种类为 1.5 万～2.2 万种，如果用同样的比率推算，则全世界的生物种类为 490 万～660 万种。然而，生物在地球上的分布不是很均匀，就陆地生物而言，低纬度地区生物种类往往要远远多于高纬度地区，因此英国的数据可能更适合估算同纬度地区的生物种类，就全球而言，其代表性有待进一步验证。

　　Raven（1983）指出，就全球而言，鸟类和哺乳动物等大型动物人们已了解得相对清楚。从地理分布上看，它们在热带地区的种类约为温带地区种类的 2 倍。如果这个比例在所有生物中也存在，那么由于目前已记录的生物种类约 150 万（主要是温带种类），因此全球生物种类应该为 300 万～500 万种。但是，由于寄生虫等原因，温带与热带地区生物种类的比例关系不一定就是 1∶2，这个比例可能偏低。有些生物在温带可能更多。

　　May（1988，1992）综合多种资料指出，生物体的大小（如长度或质量等）与其物种数目之间可能有一定的相关性。一般而言，个体大的生物其物种数目相对要少。常见的例子如昆虫多而微小，哺乳动物则大而少见。常见生物体的大小与种类之间的关系可以表示为 $S \approx L^{-x}$（S 为物种数目，L 为生物个体大小，x 为相关性系数，其数值一般为 1.5～3，图 1.2）。据此，他提出全球的物种数目为 1000 万～5000 万。然而，由于有些生物体十分微小，目前对它们的研究或认识十分缺乏，其真实数目仍难以估计。

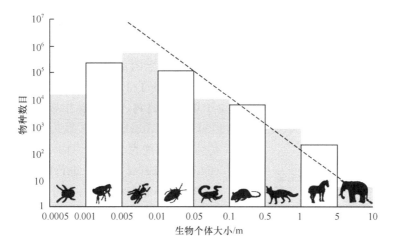

图 1.2　生物个体大小与其数目之间的相关性示意（May，1992）

　　以上的物种数目估算办法基本都是理论性的。由于分类工作中存在着同物异名、异物同名以及仍有大量未知种类还没有被人类认识，这些估算数目的准确性都有待检验。Erwin（1982）想用实证的方法来进行推测。他在南美洲国家巴拿马的热带雨林中调查常绿、中高、大叶的赛氏马鞭椴（*Luehea seemannii*）树上的甲虫数目。调查对象包含 19 棵赛氏马鞭椴树，在每棵树的周围都铺上塑料布，然后向树上喷射可降解杀虫剂。一年中调查 3 次，分别选在雨季、旱季以及两者过渡期。通过对收集的甲虫进行分类，共鉴定出超过 955 种的鞘翅目昆虫（不包括象鼻虫）。后来，他们又在巴西用同样的办法进行采集，发现象鼻虫的种类几乎与其他甲虫类似。故他在 955 种的基础上加上 206 种象鼻虫，并据此认为他在赛氏马鞭椴这一树种上收集到的甲虫种类共约 1200 种。然而昆虫是会到处移动的，如果要推测物种数目，还必须识别出这其中有多少甲虫是专性寄生于赛氏马鞭椴的。

在以前的研究中，Erwin 得到一个数值（表 1.1 中的比值）。据此推算，他认为在他所收集到的 1200 种甲虫中，约 13.5%（162 种）是专门寄生于赛氏马鞭椴上，或者说只寄生于赛氏马鞭椴这一树种上，剩下的 1038 种（86.5%）是可以在不同树种上生活的。

表 1.1　赛氏马鞭椴树上甲虫生态类型分布（Erwin，1982）

营养类型	物种数目	寄主专一性甲虫所占比例(估计值)/%	寄主专一性甲虫数目
植食性甲虫	682	20	136.4
捕食性甲虫	296	5	14.8
菌食性甲虫	69	10	6.9
腐食性甲虫	96	5	4.8
估计的甲虫总数	多于 1200		162.9

如果热带雨林中有 5 万种树，则生活于树上的甲虫就有 163×50 000＝815 万种。如果再假定地面生活的甲虫是树上甲虫的 1/3，那么热带雨林中的甲虫为 815 万×（1+1/3）≈1087 万种。由于甲虫数目约占所有昆虫数目的 40%，因此全球昆虫就有 1087 万种÷40%≈3000 万种。Stork（1993）认为此数目太大，可信的数目可能为 500 万～1000 万。Ødegaard（2000）对 Erwin 的估计进行检验，调整后全球物种数目为 480 万种（240 万～1020 万）。

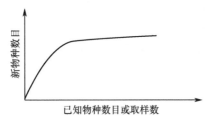

图 1.3　新物种报道频率与已知物种数目的关系曲线（改自 May，1992）

Erwin（1991）进一步指出，从目前已有研究来看，新种仍层出不穷。而如果对某一类群研究得越好，其新种的发现频率会逐渐变平变小（图 1.3）。因而可以认为目前我们所知道的生物仍是很少一部分。

1.2　已知的物种数目

Mayr 等（1953）统计出当时已报道的动物数目超过 100 万种（表 1.2）。

表 1.2　主要动物类群的物种数目（Mayr et al.，1953）

动物门类	物种数目
原生动物门 Protozoa	30 000
中生动物门 Mesozoa	50
多孔动物门 Porifera	4 500
腔肠动物门 Coelenterata	9 000

动物门类	物种数目
栉水母动物门 Ctenophora	90
扁形动物门 Platyhelminthes	6 000
棘头虫纲 Acanthocephala	300
轮虫纲 Rotifera	1 500
腹毛纲 Gastrotricha	175
动吻纲 Kinorhyncha	100
线形纲 Nematomorpha	100
线虫纲 Nematoda	10 000
曳鳃动物门 Priapulida	5
纽形动物门 Nemertina	750
内肛动物门 Entoprocta	60
环节动物门 Annelida	7 000
螠虫动物门 Echiuroida	60
星虫动物门 Sipunculoidea	250
缓步动物门 Tardigrada	180
有爪动物门 Onychophora	65
舌形动物门 Linguatula	70
螯肢动物亚门 Chelicerata	35 000
甲壳纲 Crustacea	25 000
其他节肢动物（不包括昆虫）	13 000
昆虫纲 Insecta	850 000
软体动物门 Mollusca	80 000
须腕动物门 Pogonophora	1
苔藓动物门 Bryozoa	3 300
腕足动物门 Brachiopoda	250
棘皮动物门 Echinodermata	4 000
帚形动物门 Phoronidea	4
毛颚动物门 Chaetognatha	30
半索动物门 Hemichordata	80
被囊亚门 Tunicata	1 600
鱼类	20 000
两栖爬行动物	6 000
鸟类	8 590
哺乳动物	3 200
总计	1 120 310

　　Wilson（1992）又进行了统计，估计当时已描述的生物种类超过 140 万种（表 1.3），并估计地球上的物种数量为 500 万～3000 万种。

表 1.3　已描述的生物物种数量（Wilson，1992）

主要生物门类	已知物种数目
原核生物 Monera（包括细菌 Bacteria 和蓝细菌 Cyanophycota）	4 800
真菌 Fungi	49 000
藻类 Algae	26 900
高等植物	248 400
原生动物界 Protozoa	30 800
多孔动物门 Porifera	5 000
腔肠动物门 Cnidaria，Ctenophora	9 000
扁形动物门 Platyhelminthes	12 200
线形动物门 Nematoda	12 000
环节动物门 Annelida	12 000
软体动物门 Mollusca	50 000
棘皮动物门 Echinodermata	6 100
昆虫纲 Insecta	751 000
其他节肢动物	123 400
鱼类及低等脊椎动物	18 800
两栖动物	4 200
爬行动物	6 300
鸟类	9 000
哺乳动物	4 000
合计（所有生物）	1 413 000

注：不包括病毒和一些微小生物。

　　陈灵芝和马克平（2001）汇总过世界以及我国主要生物类群已知数目（表 1.4）。从表 1.4 中可以看出，我国的生物多样性是比较高的。

表 1.4　中国及世界主要生物类群物种数目比较（陈灵芝和马克平，2001）

生物类别	全球已知种数	中国已知种数	比例/%
病毒	5 000	600	12
放线菌	2 000	450	22.5
根瘤菌	18 000～19 000	1 500	7.8
淡水藻	25 000	9 000	36
地衣	20 000	2 000	10
苔藓	23 000	2 200	9.1

续表

生物类别	全球已知种数	中国已知种数	比例/%
真菌	70 000	7 500	11
蕨类	12 000	2 600	22
裸子植物	880	250	28
被子植物	260 000	30 000	10
软体动物	70 000	3 500	5
甲壳动物	40 000	3 800	9.5
昆虫	920 000	51 000	5.5
鱼类	21 400	3 862	13.1
两栖动物	4 184	279	7.4
爬行动物	6 300	376	5.9
鸟类	9 040	1 244	13.7
哺乳动物	4 181	499	11.9

1.3　物种多样性示例

在条件适合的情况下，某一类群的生物在某个地方可能演化出极为多样的物种。最著名的例子有非洲高山湖泊中的丽鱼（cichlid），其物种数目在不同的湖泊中相差很大（表 1.5）。

表 1.5　非洲湖泊中所拥有的丽鱼种数（Turner et al., 2001）

湖泊	丽鱼种数
Malawi	700
Victoria	700
Tanganyika	250
Kyoga	100
Edwand/Geroge	60
Kivu	18
Albert	9
Barmobi/Mbo	11
Bermin	8
Turkana	7
Rukwa	5
Nabugabo	5
Ejagham	4
Natron/Magadi	4

加拉帕戈斯群岛离南美洲大陆有 1000km 以上的距离，距离最近的 Cocos 小岛离大陆也有 600km。群岛上现有达尔文雀 14 种，属于 3 属，分别为 *Geospiza*、*Camarhynchus*、*Certhidea*（也有人分为 3 支 6 属，Sato et al.，1999）（图 1.4）。

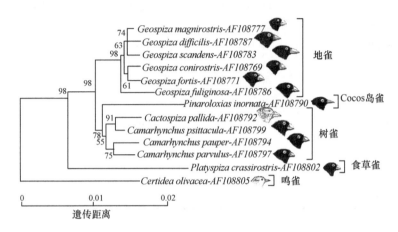

图 1.4　加拉帕戈斯群岛上 13 种达尔文雀的分子系统发育关系图（Sato et al.，1999）

夏威夷群岛总面积仅有 16 600km²，包括 7 个主要岛屿及若干小岛，离大陆有 3500km，这里有果蝇属（*Drosophila*）昆虫至少 800 种，占所有已知种类的 25% 以上，其中有 500 种是该地特有的（周红章，2000）。另外步行甲有 130 种，蜘蛛中的肖蛸属（*Tetragnatha*）已描记的至少有 25 种。蜜旋木雀（燕雀科 Fringillidae）在夏威夷群岛上约有 50 种，该岛还有 5 种画眉、3 种类似鹅的鸭、4 种乌鸦等。在夏威夷群岛的约 1000 种植物中，有 89% 是该地特有的，其中海桐花属（*Pittosporum*）有 11 种。其他如天竺葵、堇菜科堇菜、银剑树、浆果苣薹等植物也都有类似现象，有一种植物复合种也发展到 28 种（Grant and Grant，2002a，2002b；周红章，2000；Gillespie et al.，1994）。

1.4　物种在地球上的分布

多样的生物分布在哪里？有超过一半的陆地生物分布在热带雨林中（Myers，1988），如昆虫的分布就明显有此特点（表 1.6）。热带地区比寒冷地区拥有更多的物种数目是有目共睹的。对很多动物类群物种丰富度和多样性的研究结果表明，它们都存在非常明显的纬度梯度，尽管有些山区动物物种较丰富，但一些岛屿动物种类较贫乏。全球范围积累的 74 个 1000m² 的样方（海拔 1000m 以下）的资料显示，从高纬度到低纬度，植物群落物种多样性和丰富度明显增加（图 1.5）。

表 1.6　推测的世界不同地区昆虫数目（Stork，1993）

地区	昆虫种数/$\times 10^6$
北美洲（美国和加拿大）	2
欧洲和前苏联	2
中国和日本	2
亚洲	2
东南亚	5
澳大利亚和新西兰	4
非洲	10
马达加斯加	3
中美洲	5
南美洲（热带）	12
南美洲（温带）	3
太平洋岛屿	3
合计	53

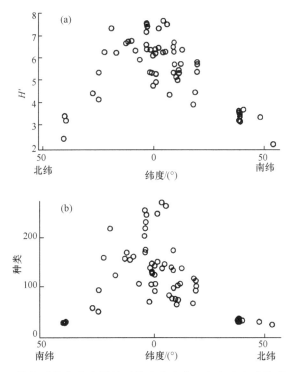

图 1.5　植物群落物种多样性随纬度的变化（贺金生和陈伟烈，1997）

（a）物种多样性随纬度的变化，H' 为 Shannon-Wiener 指数；（b）物种丰富度随纬度的变化

　　另一个生物多样性高的地方是海洋（Ray，1988）。Dobzhansky 等（1977）列出了海洋生物 31 个主要分布区。Myers（2000）认为最应优先保护的地球陆地生物多样性最高的地区有 25 个，它们的总面积只占地球表面积的 1.4%，但包含了约 44% 的维管植物和 35% 主要的脊椎动物。

　　不同的生物类群所包含的物种数目往往相差很大。从表 1-2～表 1-4 可以看出，节肢动物尤其是昆虫的数目在所有生物门类中是最多的（图 1.6）。其原因有多种，最重要的一个可能是多数昆虫具备了长距离迁移的能力（有足能跑、有翅能飞）。另外一个就是食性的多样化，尤其是它们与有花植物形成了协调的共存关系。

图 1.6　昆虫多样性示例

　　Diamond（1988）认为影响生物多样性的因素可以分为 4 类：一是环境质量，主要是指外界生态因子和生态位的多少；二是资源和消费者质量，是指资源的分布和多寡及它们对消费者的影响；三是物种之间的相互作用，如竞争条件下不同个体和种群的适应能力；四是动态过程，是指影响物种多样性平衡或不平衡的因素，如灭绝、种化、迁移等。

2　物种之含义

无论是在中文还是在英文中，"种"或"物种"都有 3 层含义。物种的英文单词"species"源于拉丁语，其原意为"类别"（kind），所谓"种类"是也。第二层含义是指具体的生物实体，即作为分类单元的物种（taxon），如大熊猫、狮子、老虎、蔷薇、栀子花树等。第三层含义是指最低级的分类阶元（species category）。

2.1　种作为最低的分类阶元

人类为了认识的需要，必须对事物进行分门别类，即对它们进行区分和标识。同时为了认识的方便，必须按照范围或内涵大小设立一定的级别。例如，一个大单位内又可再分为若干个小单位，如此往下形成一个识别体系。至于级别的多少和名称的确立都是人为规定的，有时也可以因其起源、历史、传统或便利而采用惯例。

人类现在通用 7 级基本分类级别来区分和认识生物，每一级别或等级称为一个分类阶元。级别由低到高的阶元分别为种（species）、属（genus）、科（family）、目（order）、纲（class）、门（phylum）和界（kingdom）。每个基本阶元还可以衍生出几个，它们都属于同一层次的阶元。种是最基本的分类阶元（图2.1）。

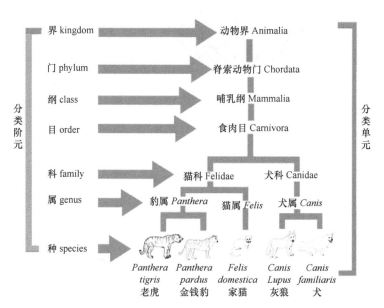

图 2.1　分类阶元、分类单元、阶元层次之间的关系

生物系统学分类阶元及其级别关系：

界 kingdom
　门 phylum
　　亚门 subphylum
　　　总纲 superclass
　　　　纲 class
　　　　　亚纲 subclass
　　　　　　总目 superorder
　　　　　　　目 order
　　　　　　　　亚目 suborder
　　　　　　　　　总科 superfamily
　　　　　　　　　　科 family
　　　　　　　　　　　亚科 subfamily
　　　　　　　　　　　　属 genus
　　　　　　　　　　　　　亚属 subgenus
　　　　　　　　　　　　　　种 species
　　　　　　　　　　　　　　　亚种 subspecies

每一个具体的物种都可以也必须安排到这样的阶元层次中去，见表 2.1。

表 2.1　物种的分类阶元示例

界 kingdom	动物界 Animalia	植物界 Plantae
门 phylum	节肢动物门 Arthropoda	被子植物门 Spermatophyta
纲 class	昆虫纲 Insecta	双子叶植物纲 Dicotyledoneae
目 order	膜翅目 Hymenoptera	蔷薇目 Rosales
科 family	蜜蜂科 Apidae	蔷薇科 Rosaceae
属 genus	蜜蜂属 *Apis*	苹果属 *Malus*
种 species	意大利蜂 *Apis mellifera*	苹果 *Malus pumila*

2.2　种作为最小的分类单元

所谓分类单元就是一群具体生物的组合，是人类为了认识和分类的需要而设立的单元。

Mayr（1969）：分类单元就是因其有明显（特征）间断而在某一分类阶元上所设立的认识类群。

A taxon is a taxonomic group of any rank that is sufficiently
distinct to the worthy of being assigned to a definite category.

　　自然界不存在抽象的种，而只有具体的生物实体。它们可以被人类所识别，
也可能还没有被人类所认识。但无论如何，它们的存在是客观的，它们的特征、
生活史、生物学等都是长期进化过程的产物或结果，人类无法对它们进行规定或

限定，而只能进行认识和标志。换言之，人
类不能定义具体的生物物种，而只能区分和
辨认它们。例如，大熊猫（*Ailuropoda
melanoleuca*）具有特殊的前爪，它由桡侧
腕骨突出形成一伪拇指，可抓拿竹竿（图
2.2）。人类无法规定也无法预测大熊猫必须
有什么样的特征，而只能根据它所具有的特
征与类似动物（如熊科或猫科动物）进行对
比，找出它的特殊之处以及基因库的独立性
等，从而确定其为独立的物种。这里，大熊
猫这个物种就是一个分类单元，熊科、猫科
也都是分类单元。同样，麋鹿（*Elaphurus
davidianus*）因其脸细长似马、角多叉似
鹿、颈长似驼、尾黑似驴，而与其他鹿类有
区别（图 2.3）。

图 2.2　大熊猫具有独特的爪
示意自然选择结果不可预期或人为规定

图 2.3　麋鹿兼具好几种同类的特征
示意生物特征的不可预测性

这里提到的阶元（category）、分类单元（taxon）和分类层次（或级别rank）的关系是这样的：阶元是法定的级别名称，分类层次表明分类阶元的级别高低或相对位置，而分类单元是指某个阶元层次上具体的生物类群（图 2.1）。如果用干部来作比喻，其关系为："周校长"相当于分类单元，"校级"相当于阶元，他的级别是"厅局级"，即比处级高但比省级低。如果用单位作比方，其关系为："科技处"相当于分类单元，"处级单位"相当于阶元，它的级别是"县处级"，即比科级高但比校级低。在很多情况下，由于大家都知道不同阶元的级别层次，因此，有时就用阶元名称来代替级别了，如说"节肢动物是门级分类单元"、"昆虫纲是纲级分类单元"等，而不用说"$Apis$（蜜蜂属）这个分类单元属于比种级高但比科级低的属级分类阶元"，也不必说"$Apis$（蜜蜂属）这个分类单元是属于由低到高第二层次的属级分类阶元"。

2.3 分类单元种与分类阶元种的区别和联系

正如分类单元与分类阶元的区别一样，作为分类单元的种与作为分类阶元的种含义是不同的。种作为分类单元指具体的生物实体，而种作为分类阶元是指抽象的生物概念；作为分类单元的物种（如金丝猴）是客观存在的，而种这个分类阶元却是人类主观规定的，如有研究者将过去认为的物种金丝猴又区分出几个亚种，却不说它们各自都是独立的种就是因为承认物种金丝猴是客观实体，至于到底称它们是"亚种"还是"种"，或者说到底是将它们安排到何种阶元上则取决于人类认识的程度。客观存在的物种往往是指单个的种群或其集合，而作为分类阶元的物种却是对所有具体分类单元的总结，往往指代所有生物物种，是复数概念。还有，分类单元是不能定义的，而作为所有分类单元的抽象，分类阶元是可以人为定义和规定的，至于规定的好坏则取决于人类自身。

然而，种作为人类对生物进行分类时使用的最小分类单元和最低分类阶元，在使用过程中其含义在很多情况下却有共同性。第一，除在生物研究史的早期，少数人不承认外，现今大家基本都承认无论是作为具体分类单元的物种还是作为分类阶元的物种，其客观性是不容置疑的。作为具体的物种，它们之间是有明确的间断的，这一点在高等动物中表现得尤其突出和明显。因此，将某一生物实体安排到种级阶元时最好能按照生物的客观性来进行而最好不要人为设定。即作为分类阶元的物种层次虽然是由人设立的，但它却是建立在客观性之上的。第二，由于分类阶元是人类根据认识的需要设置的，而人类认识生物主要是通过对生物特征的掌握和了解，因此，在不同生物类群之内，同一阶元层次的分类单元之间的特征间隔有时差别极大。例如，鸟纲各目之间的区别往往建立在爪的形态、羽毛的排列、食性、是否建巢以及出壳幼鸟的成熟程度等相对较细微的特征上，远远小于昆虫纲内各目之间的区别，它们往往建立在不同生活史、口器、翅的类型等显著特征上。但是，在种级阶元上，所有生物（分类单元的物种）之间的区别程度应该是一致的、大小相仿的、客观的，并且最好不要建立在人为认识的特征上而应该建立在基因库的独立性上。第三，种作为分类阶元和分类单元都是最低级别的、终端的、不可再分的。第四，也正由于两者的客观性和终端性，当指代某一具体的生物物种时，人类往往自觉或不自觉地就将其安排到种级分类阶元上。例如，我们说"麋鹿"时，实际上我们已经指出"麋鹿"是一物种，即它是属于种级阶元的。

3 生物物种在自然界的存在

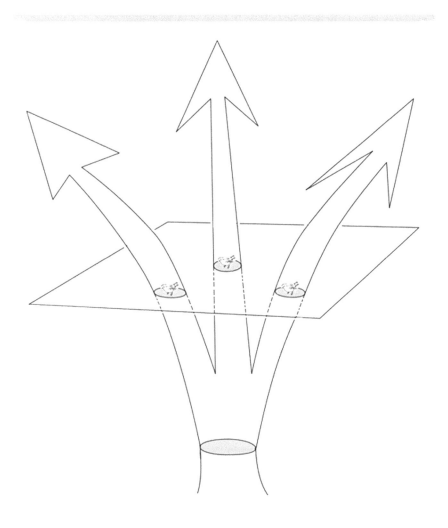

　　生物物种是客观存在的，是特定时空中的生物实体。它们通过繁殖持续不断地保持和延续其存在。然而，由于基因和特征的可变、可塑性，种群中不同基因频率的不断改变和积累，其生物本质在不同空间中或不同时间内也不断变化。再者，由于繁殖方式多种多样、不同基因库从完全间断至完全融合之间有时没有明确的界限等原因，要客观、准确、科学地描述生物物种在自然界中的存在十分困难，这一点在营无性繁殖的低等简单生物体上尤其明显。

3.1 种　　群

　　在自然界中，物种以种群的形式长期存在。种群就是在一定时期内、一定空间中同种生物个体的集合。换言之，种群就是特定范围之内某种特定生物物种的部分个体集合，或者说种群是限定时间和范围的一个物种的一些个体，某种生物的最大种群就是生物物种（图 3.1）。种群定义中的"一定空间"可以指特定空间范围，如一个湖泊、一个池塘，也可以是人为给定范围，如一个自然保护区或一个行政范围，如一个国家、省、县、村等。

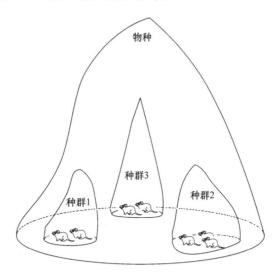

图 3.1　物种与种群及个体的关系示例

　　在自然界中，大部分生物分布范围都较广，如我国古代大部分地区都有老虎分布，现今的大熊猫至少分布于四川、陕西、甘肃三省。但在自然条件下，生物物种往往受地理、气候等因素的影响而被分隔成若干更小的个体组合，它们往往生活于特定的区域中，如一个池塘、岛屿、保护区或饲养地等。另外，为了研究方便，人们往往也只对特定的个体组合进行研究。

生物与非生物的区别之一就是生物都能自我繁殖，即生物个体的存在时间是很有限的，最长寿的生物也不过几百岁，而生物物种或种群却是能够较长久地存在的。然而，生物种类千差万别，其繁殖方式也多种多样。除哺乳动物外，细菌、原生动物、植物以及很多脊椎动物都能进行无性繁殖或孤雌生殖。其中，较常见的著名的例子有：细菌或草履虫的分裂生殖，水螅的出芽生殖，土豆用块茎繁殖，柳树用枝条繁殖等。基于此，组成种群的不同个体就有两种情况：一种是组成种群的每一个体在遗传组成上都是一样的，如大多数植物、珊瑚、水螅等生物；另一种是种群中的每一个体都是由一个受精卵发育而来的，每一个体在遗传上都是不同的，如脊椎动物和大多数高等无脊椎动物就是如此（图 3.2）。

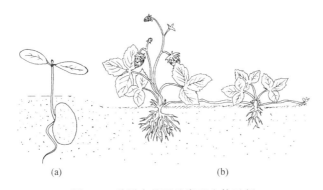

图 3.2 种群中的两种类型个体示例

（a）蚕豆（由单独的受精卵发育而来）；（b）草莓（由无性繁殖而来）

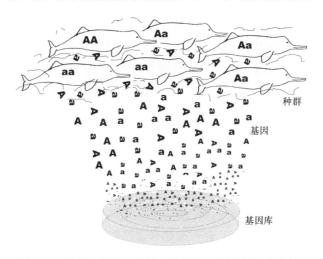

图 3.3 种群、个体、基因、基因型、基因库关系示意图

在前一种类型的种群内部，每一个体之间都没有基因交流，它们以繁殖的方式形成一个无性株系或克隆，而在后一种类型的种群内部，个体与个体之间至少

在繁殖时是有基因交流的，它们在内部形成一个统一的整体。种群中的所有个体所携带的基因组成一个基因库（图 3.3），各基因库之间是没有基因交流的，或者说各基因库是彼此独立的。

3.2　复杂多样的生活史

在营有性繁殖的生物中，有些种类有时也进行无性繁殖。一些植物的生活史中有单倍体、双倍体世代交替现象，蚜虫的生活史中会有有性和无性世代交替现象。一般认为无性繁殖可以帮助生物迅速扩大种群、占领环境，而有性繁殖可以帮助生物储备大量可供选择的遗传变异，以应对可能的不良环境。

陈磊等（2008）在对长江中游、下游流域湖南、湖北、江西和安徽 4 省 25 个湖泊苦草属（*Vallisneria*）植物种群进行了广泛的取样调查，发现其中的刺苦草（*V. spinulosa*）和苦草（*V. natans*）都有有性和无性繁殖现象：刺苦草为多年生，主要以无性繁殖为主，只有有限的有性繁殖投入；相反，苦草在调查的地区为一年生，以有性繁殖为主，只进行微弱的克隆生长，且不能产生克隆繁殖器官（冬芽）。

高雪和刘向东（2008）对棉蚜（*Aphis gossypii*）的生活史进行过研究，结果表明，无论是其中棉花型棉蚜还是瓜型棉蚜，在低温和短光照条件下都同时具备产生性母蚜和孤雌蚜的能力，但棉花型产生性母蚜的比例显著高于瓜型。研究还发现，瓜型棉蚜中有不产生性母蚜的专性孤雌个体，而在棉花型棉蚜中没有发现。这表明在自然条件下，棉花型棉蚜属于营孤雌繁殖与有性繁殖交替的全周期生活史型，而瓜型棉蚜多属于营孤雌生殖的不全周期生活史型。他们还提到在已研究的 270 种蚜虫中，37% 的种类存在两性繁殖和单性繁殖共存的现象。禾谷缢管蚜（*Rhopalosiphum padi*）种群中存在 3 种繁殖对策：一是在谷类作物上进行孤雌生殖，而在稠李上进行有性生殖并产下卵的世代交替型；二是在谷类作物上进行孤雌生殖，但仍保持着有性生殖能力的孤雌型；三是既产生性蚜又产生孤雌蚜的中间型。豌豆蚜（*Acyrthosiphon pisum*）种群中存在不同的产雄类型，即只产生有翅雄蚜型、只产生无翅雄蚜型及能产有翅和无翅雄蚜型。法国的麦长管蚜（*Macrosiphum avenae*）种群在时空上存在有性和无性种群共存的现象，且营专性孤雌生殖的种群大都限制在法国南部，而产生有性世代的种群通常出现在北部。桃蚜（*Myzus persicae*）存在有性和无性繁殖交替的全周期型及专性孤雌生殖型，且与冬季温度和原生寄主有关（图 3.4）。

营有性繁殖的生物由于要保持染色体数目的稳定，一般是两倍体的亲本通过减数分裂产生单倍体配子，两个单倍体的配子结合后又恢复到两倍体的状态。如果这样的单倍体和双倍体都能以较明显的方式存活，那么生活史也就很复杂。例

图 3.4 蚜虫
同一种群中同时具有有翅个体和无翅个体、有性繁殖和无性繁殖

如，在一个蚂蚁家族中，有单倍体的雄蚁和双倍体的蚁王和工蚁等。其中，受精卵发育成雌蚁（新蚁后和工蚁，双倍体），未受精卵则发育成雄蚁（单倍体）；雌蚁的基因组一半来自蚁后，一半来自雄蚁，而雄蚁只有来自蚁后的那一半，基因组是雌蚁的一半；雄蚁把全部的基因都传给了雌蚁。

3.3 生殖隔离及其机制

在主要以有性繁殖方式繁殖后代的生物中（如绝大部分鸟类以及全部的哺乳动物），不同物种（及其种群）之间不能相互交换配子或基因，只有在种群内部不同个体（雌雄个体）之间才能正常交配繁殖，即它们各自的基因库是独立的，也可以说它们在生殖上是隔离的。根据 Dobzhansky（1953）、Dobzhansky 等（1977）以及 Mayr（1996，2003），生殖隔离机制主要有以下几种（表 3.1）。

表 3.1 生殖隔离机制的类型和形式

类型	隔离机制	隔离形式
配合前隔离（指雌雄生殖细胞不能接触）	雌雄不遇	包括地理和生境隔离、季节或时间隔离
	雌雄相遇但不交配	行为隔离
	雌雄能交配但不能成功传输生殖细胞	机械隔离
	雌雄能传输生殖细胞但它们不能结合	配子隔离
配合后隔离（指雌雄生殖细胞能够接触但不能永续产生正常后代）	受精卵不能正常生产或孵化	合子不活或流产
	受精卵能发育成生物体，但它们不能繁殖后代	杂种退化或杂种不育
	第一代能繁殖，但第二代不能繁殖	F_2 代崩溃

3.3.1　地　理　隔　离

地理隔离（geographic isolation，spatial isolation）是指不同的生物生活在不同地域中，在自然条件下它们无法相遇，尤其在海岛等独立封闭环境中较易发生。例如，老虎（*Panthera tigris*）分布在亚洲，而狮子（*Panthera leo*）分布在非洲，自然状况下它们根本无法相遇，但在动物园中，人类可以对它们进行强行杂交以培养狮虎兽等。

Moore（1954）报道，澳大利亚东部海岸及西南部海岸相对较湿润，两者被中间广大的酸性土地区分隔。两栖类中的树蟾（*Hyla aurea*）在东、西两岸的湿润地区都有发现，但两个种群被中间地区隔离。虽然在形态上两个种群区别不大，但杂交实验显示它们之间存在明显的生殖隔离。相同的情况也发生在大洋洲大陆的索蟾 *Crinia signifera* 两个种群之间。而在塔斯马尼亚岛上则有两种索蟾 *C. signifera* 和 *C. tasmaniensis*。杂交实验表明，前者与大陆东部的同种种群之间没有生殖隔离，而后者与其之间却有严格的隔离存在，可见它们的来源不同。

淡水鲑鱼（*Salvelinus* spp.）生活于瑞士、北欧以及英国的淡水湖泊中，它们之间无法交流（Carter，1954）。

3.3.2　生　境　隔　离

生境隔离（habitat isolation，ecological isolation）是指不同的生物生活在不同生境中（如不同的寄主或空间），在自然条件下它们无法遇到。日本瓢虫 *Epilachna nipponica* 生活于大蓟上，而另一种瓢虫 *E. yasutomii* 以荨麻为食，自然条件下不交配，但在室内发现它们之间没有生殖隔离（Futuyma，1998）。美国加利福尼亚州的灌木 *Ceanothus jepsonii* 生活区狭窄，而另一种灌木 *C. ramulosus* 对土壤要求不高，分布较广，但两者在野外鲜有杂种，在室内却能正常杂交。

传播疟疾的按蚊 *Anopheles maculipennis* 复合体和 *Anopheles gambiae* 复合体都有好几种，它们生活在不同的水体中，如有些在污水、有些在流水、有些在静水中等。

3.3.3　季节或时间隔离

不同物种的繁殖季节或时间不同，因而不可能产生杂交个体，这称之为季节或时间隔离（temporal isolation）。例如，美国加利福尼亚州的辐射松 *Pinus radiata* 和加州沼松 *P. muricata* 分布区重叠，但前者在每年的 2 月开花，后者在 4

月。它们的杂交种有时会被发现，但有退化现象，结实不多。宾州蟋蟀 *Gryllus pennsylvanicus* 在秋天交配，而与之同域的另一种蟋蟀 *G. veletis* 在春天交配。臭鼬 *Spilogale gracilis* 在秋天繁殖，而 *S. putorius* 在冬天发情交配。

3.3.4 行 为 隔 离

行为隔离（behavioral isolation，sexual isolation）主要是指雌雄个体不能相互吸引而不能杂交。这在昆虫（如上述的蝴蝶）、蜘蛛、鱼类和鸟类（如园丁鸟）最为常见。例如，蟋蟀用叫声来相互吸引，鸟类用叫声和舞蹈、蜘蛛用舞蹈、鱼类用颜色和动作等来相互吸引，而不同种之间舞蹈或叫声有差异，故不能杂交。李恺和郑哲民（1999）发现 6 种蟋蟀的叫声都不相同。非洲丽鱼雌雄之间用体色来相互识别（Seehausen et al.，1997）。

当然，以上这些隔离机制可以共同起作用。Hillis（1981）调查过 3 种生活区重叠的蛙 *Rana berlandieri*、*R. blairi* 和 *R. sphenocephala* 的生殖隔离机制，发现时间隔离是主要的，另外生境和行为隔离（如叫声）也有重要作用。

3.3.5 机 械 隔 离

机械隔离（mechanical isolation）是指不同物种的生殖器结构不同，因而它们的不同性别个体就是想交配也不能成功。这在昆虫和植物中较常见，如昆虫的雌雄生殖器有时极复杂，形成匙锁结构，不同种间不能杂交（图 3.5）。雌性果蝇 *Drosophila pseudoobscura* 与雄性黑腹果蝇 *D. melanogaster* 交配会受伤或死亡。瑞典的一种兰花 *Platanthera bifolia* 主要靠天蛾传粉，花粉粘在天蛾喙的

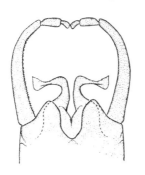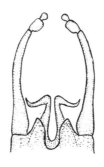

图 3.5　机械隔离示例

昆虫纲 Insecta、蜉蝣目 Ephemeroptera、细裳蜉科 Leptophlebiidae、
吉氏蜉属 *Gilliesia* 的两种成虫雄性外生殖器有细微的区别

底部；而另一种兰花 *P. chlorantha* 主要由身体较小的夜蛾传粉，它们的花管较宽，花粉粘在夜蛾的眼部；传粉动物被它们散发的不同气味所吸引（Futuyma，1998）。类似的情况在鼠尾草 *Salvia apiana* 和 *S. mellifera* 中也发现。前者由身体较大的木蜂等传粉，而后者由身体较小的蜜蜂等十几种蜂类传粉。身体大小相差太大也会造成生殖隔离，如狼狗与袖珍哈巴狗之间。

3.3.6　配子隔离

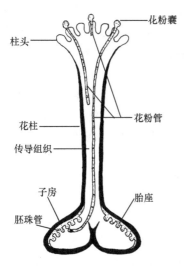

图 3.6　配子隔离示例
示意花粉在柱头生长的过程中，几乎在每个阶段都存在识别和选择过程

配子隔离（gametic isolation）是雌雄配子不能正常受精。例如，在体内受精的生物，雄性配子在不同种的雌性体内会失去活性而不能受精。有些虽仍保有活力，但由于不能与卵表面的蛋白质识别或不具相应的溶解酶而不能受精。在体外受精的生物，雌雄配子往往不能识别。例如，对于植物来说，花粉在不同种的柱头上不能萌发等。这在海星、软体动物（如鲍鱼等）很常见。

Higashiyama 等（2001）研究了三种向日葵 *Helianthus annuus*（生活于沙土）、*Helianthus petiolaris*（生活于黏土）和 *Helianthus paradoxus*（生活于盐碱地）雌雄配子的受精情况及其中涉及的因素。从中可以看出，无论是柱头表面还是柱头内部，以及配子融合过程都有一系列识别机制和信号向导。如果其中某一方面不配套，就有可能造成受精失败（图 3.6）。

3.3.7　合子不活

即使雌雄配子有时能受精，但受精卵不能正常生产或孵化，这被称为合子不活（zygotic mortality）。水牛 *Bubalus bubalis* 与家牛 *Bos taurus* 的受精卵在 8 细胞期就会死亡。挪威鼠 *Rattus norvegicus* 与檐鼠 *Rattus rattus* 不能交配，在极少数情况下，交配后会产下死胎或幼鼠在很短时间内死亡。老虎与豹杂交后往往只会导致流产或死胎。

3.3.8 杂 种 退 化

山羊与绵羊一般不能杂交，极少数情况下生产出的杂交个体极孱弱，这种现象称为杂种退化（hybrid inviability）。美国加利福尼亚州的辐射松和加州沼松的杂交种有时会被发现，但有退化现象，结实不多。

3.3.9 杂 种 不 育

有时不同种的受精卵能发育成生物体但它们自身不能繁殖后代，这被称为杂种不育（hybrid sterility）。著名的例子有雄驴和雌马杂交后产生的骡是不育的。鹦鹉 *Agapornis personata fischeri* 与另一种鹦鹉 *Agapornis rosecollis* 的后代是不育的。狮与豹的杂交后代也是不育的。

对于有些生物，它们的杂交后代一般是不育的，只有极少数情况下会出现能育个体，如蓝鲸 *Balaenoptera musculus* 与须鲸 *Balaenoptera physalus*、马属 *Equus* 不同种之间（如斑马、马、驴等）以及狮、虎之间等。

有些生物之间的杂交个体只有雌性能育，如牛 *Bos taurus* 与美洲野牛 *Bison bison* 之间、家猫 *Felis catus* 与野猫（如 *Felis bengalensis*）之间、瓶鼻海豚 *Tursiops truncatus* 与逆戟鲸 *Pseudorca crassidens* 之间等。而在一些鸟类和昆虫中，只有雄性能育，因为这些生物雌性染色体是异配的。

3.3.10 F_2 代 崩 溃

第一代能繁殖但第二代不能繁殖，这就是 F_2 代崩溃（F_2 generation breakdown）。例如，三种棉花 *Gossypium barbadense*、*G. hirsutum* 和 *G. tomentosum* 的杂交后代能育，但它们的后代是不育的或生活力极差。美国加利福尼亚州的果蝇 *Drosophila psuedoobscura* 与犹他州的果蝇的 F_2 代的存活率远低于它们本地的同类（Futuyma，1998）。

3.4 生殖隔离的原因

生殖隔离的主要原因是等位基因不配合、细胞质因素和染色体数不正常（Dobzhansky，1953；Dobzhansky et al.，1977）。例如，马和驴的染色体数量分别为 64 条和 62 条，且染色体形态存在很大差别，雄驴和雌马杂交后产生的骡染色体数量为 63 条，在减数分裂时不能平均分配。

　　由生殖隔离机制可以看出，物种是客观存在的。对高等生物而言，不同物种之间在生殖上、遗传上（或基因上）和生态位上是不同的，或者说是有间断的（Bock，2004）。其实，Mayr（1969）就提出，一个物种的所有成员形成一个繁殖群体（reproductive community）、生态单元（ecological unit）和遗传单元（genetic unit）。

　　另外，一个物种的所有成员虽然在形态上有差异或变异，但一般而言，其变异范围是有一定限度的，尤其是在高等哺乳动物和鸟类，应该说一个种群或物种的个体在形态上是有共同点的，或者说它们有一个共同模式或变动范围。因此，一个物种在实用或理论的基础上，也可以被称为一个形态一致的单元。这一点无论是在生产实践过程中还是在分类过程中都已得到证实。例如，哺乳动物的分类基本可以建立在骨骼的基础上。另外，在一个地区的有限范围内，由于种类有限，从形态上也可以较容易地区分出不同的物种。

3.5　时间维度中的物种

　　由上所述可以清楚看出，生殖隔离存在于不同种群之间。然而，此说隐含的一个前提是这些生物种群是同时存在于特定的环境中，可以是同域分布也可以是异域分布。如果换个角度，以时间为轴来考察，生物种群则呈现出不同的形态。

　　对于只进行无性繁殖的生物，由于不同种群之间甚至不同个体之间都没有基因交流，在有限的时间内，这一由同质个体组成的克隆其遗传组成是一致的。然而，由于即使在完全自然条件下，基因也会发生突变（表 3.2），长期来看，无性繁殖的生物，其遗传组成也会逐渐发生改变。

表 3.2　一些生物及其基因的自然突变率（Dobzhansky，1970）

物种及性状	每 10 万细胞或合子的突变率	物种及性状	每 10 万细胞或合子的突变率
大肠杆菌（*Escherichia coli*）（K12）		腺嘌呤非依赖性	0.0008～0.029
链霉素抗性	0.000 04	肌醇非依赖性	0.001～0.01
对 T1 噬菌体的抗性	0.003	黑腹果蝇（*Drosophila melanogaster*）	
亮氨酸非依赖性	0.000 07	黄腹	12
色氨酸非依赖性	0.006	褐眼	3
鼠伤寒沙门氏菌（*Salmonella typhimurium*）		乌腹	2
色氨酸非依赖性	0.005	无眼	6
肺炎双球菌（*Diplococcus pneumoniae*）		玉米（*Zea mays*）	
青霉素抗性	0.01	皱皮种子	0.12
粗糙链孢霉（*Neurospora crassa*）		无色	0.23

物种及性状	每 10 万细胞或合子的突变率	物种及性状	每 10 万细胞或合子的突变率
甜种子	0.24	人（*Homo sapiens*）	
基因 *Pr* 变成 *pr*	1.10	结节性脑硬化综合征	0.4～0.8
基因 *I* 变成 *i*	10.60	视网膜母细胞瘤	1.3～2.3
小家鼠（*Mus musculus*）		无虹膜畸形	0.5
褐色	0.85	软骨发育不全	4.3～14.3
粉眼	0.85	佩耳格尔核异常	1.7～2.7
花斑	1.70	神经纤维瘤病	13.0～25.0
浅色	3.40	亨廷顿病	0.5

如果考虑无性繁殖的生物其遗传组成是逐渐改变的，那么其后代与祖先之间的遗传组成就如同颜色由白至黑的逐渐变化（图 3.7）。当然也可能在某一特定条件下（如紫外线照射下），某一无性繁殖的个体其遗传组成发生了较大改变，由其形成的克隆就与原先的有很大不同，那么这种改变就是跳跃式或量子式的（图 3.7）。

图 3.7 物种进化及遗传组成改变的两种方式

对于严格实行有性繁殖的生物来说，在理想状态下，在种群内部，不同基因的频率是不会改变的，即存在哈代-温伯格平衡（Hardy-Weinberg equilibrium）。

假定一个基因是由一个群体中的两个等位基因 A 和 a 代表的，A 的频率是 p，a 的频率是 q，而 $p+q=1$，那么在繁殖过程中就会表现出如下的基因型的频率：

子一代：$AA=p^2$，$Aa=2pq$，$aa=q^2$（$p^2+2pq+q^2=1$）。

子一代：产生的配子 $A=p^2+pq=p(p+q)=p$，$a=pq+q^2=(q+p)q=q$。它们结合后又产生同样的三种基因型 $AA=p^2$、$Aa=2pq$、$aa=q^2$，其中，$p^2+2pq+q^2=1$。它们产生的配子 A 和 a 的频率又分别是 p 和 q，如此循环往复。可见在一个理想种群中，一对等位基因中任何一个基因频率都是不变的。当然，由它们组成的基因型的比例也是不变的。

然而在自然条件下，由于自然选择、突变、基因流动、遗传漂变等原因的存在，基因频率和基因型频率是可以改变的（表 3.3）。

表 3.3　不同选择系数下基因频率的改变

选择系数	0.01	0.02	0.1	0.5	1.0
一代以后 A 的频率	0.501 25	0.502 5	0.512 8	0.574	0.67
一代以后 a 的频率	0.498 75	0.497 5	0.487 2	0.426	0.33

注：基因的初始频率都为 0.5。

　　基因频率改变是非常缓慢的，在选择系数为 1（就是完全选择）的情况下，如果初始频率各为 0.5，被选择的基因频率要经过 8 代才能变成 0.1，50 代后才能变成 0.02，100 代后降至 0.01，1000 代后才能变成 0.001。

　　在极端情况下，营有性繁殖的生物其遗传组成也会发生较大、较快变化。如果有某种机制形成很小的种群，由于抽样的因素，它所拥有的基因及基因型可以偏离原始种群很多，即遗传漂变会在较短时间内使种群中不同基因的频率发生改变，有时效应极为显著，如奠基者效应和瓶颈效应中表现出来的那样（图 3.8）。

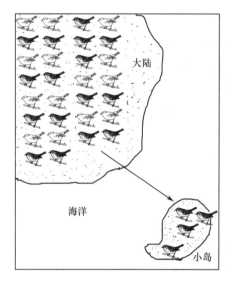

图 3.8　奠基者效应

　　决定果蝇眼色的基因座位上有两个等位基因 $bw75$ 和 bw。Buri（1956）建立了 107 个实验黑腹果蝇 Drosophila melano-gaster 群体，$bw75$ 基因在所有种群中开始时的频率都为 0.5。让各群体中果蝇随机互交，每代随机地选出 8 雌 8 雄作为下一代的亲体。这样有效种群的大小为 16 只果蝇。19 代后，在 28 个种群中 $bw75$ 的频率变为 0，在 30 个种群中 $bw75$ 的频率变成 1。可见，小种群的基因频率是可以改变的，而改变的结果是随机和偶然的。

　　Nebel 等（2004）报道，北欧的犹太人 Y 染色体与中东地区的犹太人有相似性，而与欧洲其他地区的差别相对较大。美国宾夕法尼亚州的阿米什人（Amish）是 30 个瑞士移民的后代。而在奠基者中有一个人得有一种怪病，患者身材和四肢均较小、心脏也有缺陷。阿米什人大部分与本族的人通婚，因而目前平均每 200 个人中就有一人得这种综合征，而在美国其他种族中，这个比例要小得多。这是近亲结婚与奠基者效应的典型案例之一（Kelley et al.，2002）。O'Brien 等（1994）分析了北美洲 Hutterite 人、Sottunga 人（Aland 群岛）和美国犹他州摩门族人的起源及演化，发现他们或多或少都经历过奠基者效应。在委内瑞拉

Maracaibo 湖区有很多人得亨廷顿病（一种神经错乱病），约 10% 的患者在 20 岁之前就会得这种病。调查发现，在 19 世纪有一个得这种病的妇女迁移到该地区，她的子女很多。这一地区的亨廷顿病很可能就是由她这个奠基者传下来的（Wexler et al.，2004）。

中南美洲的土著印第安人的血型几乎都是 O 型，推测他们很可能是由少数个体传承下来的。Tipping 等（2001）分析了南非欧洲移民中的卟啉病（porphyria）和贫血病，发现它们均来自于 17 世纪的欧洲移民，其后代中 95% 的家族具有这种病的突变体。这明显是奠基者效应的结果。Hoelzel 等（1993，2002）对美国加利福尼亚州的象海豹（*Mirounga angustirostris*）进行过研究。到 19 世纪末期，由于人类的影响和狩猎，它们的种群下降至 20 头左右。目前种群数上升到约 3 万头，但它们的基因多样性极差。现存约 2 万只猎豹（*Acinonyx jubatus*）的遗传多样性极差，分子系统学研究显示，它们在 1 万年以前经历过瓶颈效应（Menotti-Raymond and O'Brien，1993）。麋鹿 *Elaphurus davidianus* 在 1898 年时只有 18 只，现在的种群都是由它们繁殖而来的。Meffert 和 Bryant（1991）及 Regan 等（2003）用家蝇 *Musca domestica* 为材料也证实瓶颈效应确实存在。

Sundin 等（2000）分析了密克罗尼西亚 Pingalap Atoll 岛上人群中色盲的比例为 4%～10%，比其他地区的人要高得多。原来，1780 年时，台风袭击了这个岛，只留下 30 个人，男性有 9 个，其中有一个是色盲。

瓶颈效应和奠基者效应有时是共同起作用的。发生瓶颈效应后剩下的小种群可以作为奠基者继续繁殖。张茜等（2005）用分子系统学手段对祁连圆柏 *Juniperus przewalskii* 进行了分析，结果表明在进化过程中，青藏高原台面东部间断分布的种群可能经历了冰期后共同的回迁过程和由此产生的奠基者效应，祁连圆柏在冰期可能存在多个避难所，瓶颈效应和奠基者效应造成了这些种群现在的遗传多样性分布式样。

如果合子的染色体数目发生变化，则其遗传组成与原来的种群就有显著区别。现在已经知道多倍化是促进植物进化的重要力量。Otto 和 Whitton（2000）估计植物中有 2%～4% 是通过这种方式形成的。多倍体动物较少见，但在昆虫、鱼类、两栖类、爬行动物和哺乳动物中也有发现。

由上可知，有性繁殖生物的遗传组成改变是逐渐的。但当改变量达到一临界值之后，就可能形成生殖隔离，从而形成不同种群或物种，即如果以生殖隔离作为标准或物种间断的依据，会发现有性繁殖生物的遗传组成改变是量子式的（图 3.7）。

从进化的角度看，生物物种有其起源与消亡过程，因此种群也只能是一段时期内的历史产物和有机过客。从时间的角度看，物种也是一个进化单元。

　　然而，无论是将物种看作进化单元，还是生殖单元、遗传单元或生态单元，其实都是对物种在时间和空间中既连续又间断的存在状态的描述。实际上，在笔者看来，这几方面的综合才是物种本身而不仅是某一方面的特性。

4 自然物种的识别

现在科学界普通承认，物种是客观存在的。也正因为此，它才能被人类所认识，大家才有可能在客观性的基础上达成共识。如果它们之间没有明确的间断、物种本身没有明显的独立性，则它就无法被人类所真正认识。如果物种只是像在生命之河中舀起的一瓢水，那么对它的认识则会因舀水人的不同而千变万化。

然而，物种的存在是一回事，人类对其的认识则是另一回事。因人类自身的局限性或技术的落后性，在很多情况下，我们并不能真正地了解和认识生物物种，特别是对其客观性和独立性的认识常会存在不足。而正如前文所述，物种这一自然界的客观存在、分类单元，通过形态一致性、生态位独特性、生殖隔离、基因库独立和进化片段等不同方面表现出来，因此人类对其的认识也就基本在这几个方面展开。

Sites 和 Marshall（2003）更进一步提出，区分作为生物实体的物种或明确物种的边界或研究物种之间区别的实际或实验方法有 9 种：杂交规模法、遗传距离法（两种）、基因重组法、种群聚合分析法、支序聚合分析法、排他法、依据 DNA 和形态特征的血亲关系分析法、内聚力分析法。这些方法主要是依据分子生物学的方法，至少是以此为主。

4.1　用形态特征来区分物种

形态特征一般指生物的外部形态，但在分类学上形态特征一般取其较广泛的含义，即生物体本身具有的宏观特征，亦即除分子特征之外的特征（表 4.1）。由于形态特征相对较容易观察和获取，它们在分类学上应用最早也最广。

表 4.1　可用于分类的生物特征

特征类别	例证
形态特征	外形、内部形态及内、外器官的超微结构
幼期特征	胚胎期、卵期、幼虫期、蛹期的各种特征
行为特征	各种行为性状，如鸣声、气味信息物质等
地理分布特征	地理分布区、是否与其他种同域等
生物学特征	生活史
细胞学特征	组织、生殖细胞结构、核型、染色体条带等
生物化学特征	各类初级、次级代谢模式和产物，蛋白质，核酸等

Zhou 和 Zheng（2001）在我国西部地区采集到一种蜉蝣，通过对比后发现，其属于蜉蝣目 Ephemeroptera 新蜉科 Neoephemeridae 新蜉属 *Neoephemera* 的一种。本属以前只知道分布于美国和西欧。从特征上看，新发现的种类稚虫前胸明显突出且身体扁平，与其他已知种类有明显区别，且分布区隔离很远。因此，他

们据此将其认定为一新物种（图 4.1）。

蜉蝣目细裳蜉科 Leptophlebiidae 吉氏蜉属 *Gilliesia* 以前只报道过一种，分布在印度。2004 年，Zhou 发现在我国贵州和重庆采集到的一种与之极像，只是在个体大小和外生殖器上有细微区别。例如，印度种的雄性吉氏蜉外生殖器末端是明显膨大的，而我国的雄性吉氏蜉相同部位却是尖锐状的（图 3.5）。再结合分布、体色、大小等特征，认为它与印度的种不同，应该是一独立种，并根据其翅上漂亮的斑纹将之命名为丽翅吉氏蜉 *Gilliesia pulchra*。

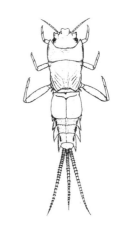

图 4.1 颊突新蜉（*Neoephemera projecta*）的外形

Li 等（2006）发现，在我国南京紫金山采集到的蜉蝣目细裳蜉科思罗蜉属 *Thraulus* 一种与同属的其他种相比，其成虫差别不明显，但稚虫的第一对鳃是单枚的，而所有其他已知种的稚虫第一对鳃都是双片的。另外，由于鳃是蜉蝣稚虫的主要呼吸器官，不同形态的鳃可能代表不同的适应特点。因此，他们认为此为一新物种。

以前不同学者对中国虎凤蝶的确切分类地位有争议，有些人认为它们可能是不同的亚种。李传隆（1978）研究过三种虎凤蝶的生活史，分别为虎凤蝶 *Luehdorfia puziloi*、中华虎凤蝶 *Luehdorfia chinensis*、日本虎凤蝶 *Luehdorfia japonica*。结果表明，它们在幼虫、蛹、成虫等各虫期都有一定的差异，因此认为它们是 3 个物种而不是亚种。

太白虎凤蝶 *Luehdorfia taibai* 极似中华虎凤蝶，其外部形态上只是前翅上如虎斑的粗黑条纹比中华虎凤蝶更宽，后翅尾突长达 10mm。洪健等（1999）利用扫描电子显微镜对中华虎凤蝶、长尾虎凤蝶 *L. longicaudata*、乌苏里虎凤蝶 *L. puziloi* 和日本虎凤蝶雄性外生殖器进行了扫描，从超微结构来看，它们的一般形态结构相似，但抱器、钩状突、阳茎、阳茎轭片的超微结构存在着差异。

谢令德和郑哲民（2005）在扫描电子显微镜下观察瘤突片蟋 *Truljalia tylacantha*、梨片蟋 *T. hibinonis*、霍氏片蟋 *T. hofmanni* 雄性声锉和声齿的超微结构，发现声锉和声齿的超微结构特征很稳定。

李恺和郑哲民（1999）分析了直翅目 Orthoptera 蟋蟀科 Gryllidae 棺头蟋属 *Loxoblemmus* 6 种常见种类的鸣声特征，发现它们的叫声强度和节律明显有种间差异。由于蟋蟀一般用声音来吸引异性，不同鸣声代表了不同种之间的识别机制不同，因而确认它们是不同的物种。

张颖等（2006）取 3 龄中华鲟 *Acipenser sinensis*、2 龄施氏鲟 *A. schrenckii*

和 3 龄达氏鳇 *Huso dauricus* 的血清蛋白及其组成成分进行研究，结果表明，3 种鲟的血清电泳图谱具有各自的特有条带，3 种鲟的血清蛋白的总浓度分别为 18 170mg/mL、21 125mg/mL、24 160mg/mL。

伍德明（1982）用性外激素分别刺激马尾松毛虫 *Dendrolimus punctatus*、油松松毛虫 *D. tabulaeformis*、落叶松毛虫 *D. laricis* 和赤松松毛虫 *D. spectabilis* 的触角，结果表明，它们对不同的性外激素组分的反应不同。

熊治廷和陈心启（1998）检查了 10 种萱草的染色体数目（核型）来验证它们的种级分类地位，分析结果支持形态学证据，即 *Hemerocallis citrina* 和 *H. minor* 作为 *H. lilioasphodelus* 的亚种，*H. esculenta* 作为 *H. dumortieri* 的变种，不支持将 *H. middendorffii* 作为 *H. dumortieri* 的变种，也没有发现 *H. multiflora* 与 *H. plicata* 密切相关的证据。

数量性状也可以应用于分类。罗礼溥和郭宪国（2007）用 60 项形态特征对云南省 57 种医学革螨进行数值分类分析，并运用统计软件进行系统聚类分析和主成分分析，得出它们可以分为五大类。

朱文杰和汪杰（1994）报道他们于 1985 年从青海湖中分离到 70 株发光细菌，通过表型特性分析、超氧化物歧化酶凝胶双向扩散试验以及 G+C 摩尔百分比测定进行鉴定分类。结果表明，这些细菌在表型、免疫学特性等方面彼此高度相似，但与已知的各种发光细菌有显著差异，并将其定名为一新种。

由于在一个种群内，不同个体的形态有一定差异，在有些生物种群内可能差异还非常显著。因此，用形态来区分物种不可避免地会有一些错误和偏差，对物种范围的认识也取决于研究人员的知识和经验。

4.2　用时间上的存在过程来区分物种

人类对生物的认识是在时间横断面上进行的。然而，生物却是存在于很长久时间段内的生物实体，一般要以万年计。因而在一般情况下，人类无法观察或认识时间维度上的物种。但在古生物研究领域内，研究人员面对的都是固化或石头化了的远古时代的生物遗体或遗迹。根据化石形成时间的前后，研究人员可以以时间为轴将它们排列成序，即在古生物领域内，研究人员面对的可以说是时间维度上的物种。

化石因为基本都是生物印迹或印模，最多是保存在琥珀中的死亡了万年以上的生物实体，对它们的研究一般只能采用形态识别的方法，极少数情况下（如冰封的猛犸）可以用分子手段。无论如何，对它们是不可能用生态位、生殖隔离等手段进行研究的。因此，在多数情况下，研究人员是根据时间的先后将不同的化石排列在一序列或支系，再根据特征的异同来区别不同的物种。在形态改变不大

的情况下或者在遵照惯例的情况下将某段化石序列认为是同一物种。例如，直立
人（*Homo erectus*）在我国就包括了蓝田人、北京人、和县人等不同的化石（吴
汝康，1994）。至于形态改变到何种程度、特征差异到何种地步就可以或才可以
确定为同一物种或不同物种，取决于研究人员或专家的判断（图 4.2）。

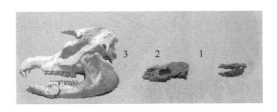

图 4.2　演化世系示例

马的演化从化石 1 至 3 是逐渐的，它们之间的区隔往往是人为的

换言之，在古生物领域内，由于研究对象的独特性、局限性和化石特征的有
限性，与利用形态特征来区分和识别物种一样，人们对物种的认识和区分基本采
取的是实用性、经验性、个人判断性的物种标准，虽然在理论上承认物种是客观
的，但在实际操作过程中具体的物种都是主观的或主观建立的。

4.3　用生物学或生殖隔离标准来区分物种

对于高等生物，人类很早就认识到不同种群之间是不能杂交的，且这种现象普
遍存在。例如，属于家畜的马和驴就不能产生正常的后代，公驴和母马杂交产生的骡
子是不育的。在生物学家眼里，这种不同种群之间在繁殖或遗传上的间断性为他们提
供了一个很好的区分不同物种的标准和手段。由于此标准的相对客观性，即它基于生
物本身的自然特性而非研究者的主观判断，因而受到了广泛应用，尤其是在经济意义
较大、引起广泛兴趣、易采集饲养、好控制的物种中应用很广（图 4.3）。

图 4.3　人工杂交实验示例

不同品种的狗之间都能杂交产生正常后代，证明它们属于同一物种

旋毛虫是一类重要寄生虫，很多家畜和宠物都会感染。路义鑫等（2001）对
它们进行过杂交试验，材料分别为猪旋毛虫 *Trichillena swine*、犬旋毛虫

Trichillena sp.、旋毛虫 *T. spiralis*、本地旋毛虫 *T. nativa*。结果表明，猪旋毛虫与犬旋毛虫及本地旋毛虫不杂交，而犬旋毛虫与猪旋毛虫或旋毛虫*T. spiralis*不杂交，猪旋毛虫和旋毛虫 *T. spiralis*、犬旋毛虫和本地旋毛虫 *T. nativa* 没有生殖隔离，可见猪旋毛虫相当于旋毛虫 *T. spiralis*，犬旋毛虫相当于本地旋毛虫 *T. nativa*。

孙绪艮等（2000）采集并饲养了针叶小爪螨 *Oligonychus ununguis* 的 4 个种群，分别来自针叶树和阔叶树。结果显示，针叶树（如杉木 *Cunninghamia lanceo-lata*）种群不能在板栗 *Castanea mollissima*、麻栎 *Quercus acutissima* 等阔叶树上存活；阔叶树（板栗、麻栎）种群也不能在杉木、黑松 *Pinus thunbergii*、赤松 *P. densiflora* 等针叶树上存活。交配试验证明，针叶树种群和阔叶树种群虽有交配行为，但不能正常繁衍后代，两种群间存在着明显的生殖隔离，有可能为两个不同种。

刘怀等（2004）也对螨虫做过试验，发现裂爪螨 *Schizotetranychus bambus-ae* 在毛竹 *Phyllostachys pubescens* 和慈竹 *Neosinocalamus affinis* 上的两个种群能相互正常交配，同一种群交配产生的后代，其性比均在 2：1 左右，而不同种群杂交产生的后代全部为雄性。表明两种群在长期的寄主植物选择压力下已形成一定的生殖隔离现象。

夏绍湄 2001 年统计发现贵州茶园内异色瓢虫变型有 50 多种，但生殖隔离实验发现，这些不同色型间均可自然配对，并繁殖后代，可以认定无生殖隔离现象，属同种异型。

然而，用生殖隔离标准来区分或判断物种也不是万能的，比如其对无性繁殖的生物就不适用。在进化过程中，有些生物种群之间在自然条件下是生殖隔离的，但在人工实验中却是高度可育的。那么它们到底是同一物种还是不同物种呢？

4.4　用遗传距离来区分物种

遗传学和分子系统学兴起后，也有人想从分子水平来区分或定义物种。假如知道了不同物种之间遗传的差异度，并定下一个标准，用这个标准就可以来区分和衡量不同的物种。例如，假定哺乳动物不同物种之间的遗传差异度是 5%，那么再遇到不太容易判别的情况时，就可用这个数值去衡量待定物种与其他相近种的关系，而不必去做生殖隔离实验。或者比较不同样本之间的基因型或分子差异度，来查看它们是否为同一物种（图 4.4）。Bradley 和 Baker（2001）根据 4 属啮齿类和 7 属蝙蝠等哺乳动物细胞色素 b 基因序列的统计分析，认为种间的遗传间隔平均为 11%，小于此数字时不太明确。Ball 等（2005）根据蜉蝣（昆虫）细胞色素 b 基因序列的研究，指出种间间隔平均为 18.1%。

周雪平等（2003）从云南红河地区的杂草赛葵上分离到病毒分离物 Y47，对其进行 DNA-A 的全序列测定，得到其全长为 2731 个核苷酸。其与秋葵黄脉花叶病毒分离物 201 的同源性达 77％，而与其他双生病毒的同源性均在 76％ 以下，表明 Y47 是双生病毒的一个新种。

宫倩红等（2000）发现能引起我国广西地区烟草曲叶病的除中国烟草曲叶病毒（TbLCV-CHI）外，还有一种双生病毒，其 DNA-A 由 2734 个核苷酸组成，推测可能是中国番茄黄化曲叶病毒（TYLCV-CHI）的一个新株系。

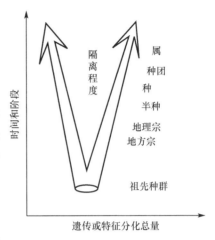

图 4.4 不同水平的遗传差异示例

这种测定基因或分子变异的方法做起来十分昂贵和困难。另外，由于形态进化速度与分子进化速度的不同，以及不同分子的进化速度也不相同，这一想法在实际运用中也有许多困难。例如，当不同分子或基因序列在同样的生物物种之间的差异度不同时，以哪个为准呢？

例如，绒螯蟹属 *Eriocheir* 内先后报道过 6 种，分别为中华绒螯蟹 *E. sinensis*、日本绒螯蟹 *E. japonica*、合浦绒螯蟹 *E. hepuensis*、直额绒螯蟹 *E. recta*、台湾绒螯蟹 *E. formosa* 和狭颚绒螯蟹 *E. leptognatha*。Tang 等（2003）测定了核基因 *ITS* 和线粒体 *CO1* 基因序列，发现这两个基因在绒螯蟹属内部各种之间的歧异度分别为 2.5％ 和 5.5％。孙红英等（2003）又测定线粒体 16S rDNA 的部分片段，发现绒螯蟹属各物种间的序列歧异度为 11.8％±0.002％。从中可以看出，不同基因之间的歧异度在种间是不同的。

4.5 用独特生态位来区分物种

生态位表示物种或种群在群落或生态系统中所扮演的角色或功能，在很多情况下是指种群在群落食物网中的地位和功能，即它们的营养功能和角色。如果两个种群在生态位上有区别，表明它们在生态系统中具有不同的地位和功能，也可表明它们是不同的物种（图 4.5）。

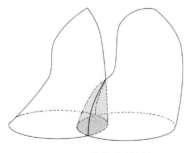

图 4.5 生态位差异图解
两个有重叠的三维生态位

Siemers 和 Schnitzler（2004）发现欧洲的 5 种蝙蝠 *Myotis nattereri*、*M. emarginatus*、*M. mystacinus*、*M. daubentonii* 和 *M. dasycneme* 分布区类似，形态也差不多，都是捕食性的，但它们

发出的超声波频率略有不同，因而在探测猎物的能力、感知回声能力和定位能力上存在细微差别。这可能是它们能够共存的原因，也可以证明它们确实是不同物种。

Reinert（1984）测定了两种蛇 *Crotalus horridus* 和 *Agkistrodon contortrix mokeson* 在 14 个生境指标和 5 种气候指标上的不同，发现后者更喜欢较开阔、石块较多而植被较少的地方。

马杰等（2004）研究过 4 种共栖蝙蝠的回声定位信号和食性，发现大足鼠耳蝠 *Myotis ricketti* 主要以三种鱼为食（占所有食物的 53%），回声定位超声波的主频为（41.87 ±1.07）kHz；马铁菊头蝠 *Rhinolophus ferrumequinum* 的主食是鳞翅目昆虫（占所有食物的 73%），回声定位波的主频为（74.70 ±0.13）kHz；中华鼠耳蝠 *Myotis chinensis* 主要以鞘翅目步甲类和埋葬甲类为主要食物（占所有食物的 65.4%），声脉冲主频较低，为（35.73 ±0.92）kHz；白腹管鼻蝠 *Murina leucogaster* 捕食花萤总科和瓢虫科等鞘翅目昆虫（占 90%），回声定位信号主频为（59.47 ±1.50）kHz。可见同地共栖 4 种蝙蝠种属特异的回声定位叫声和形态结构存在明显差异，它们采用不同的捕食策略。

当卡拉哈里沙漠中的石龙子 *Typhlosaurus lineatus* 在沙脊处与另一种石龙子 *T. gariepensis* 共存时，它的头部和身体都明显变大，似乎也倾向于食用较大的白蚁（Huey et al.，1974）。Adams（2004）也发现美国的两种蝾螈 *Plethodon jordani* 和 *P. teyahalee* 的形态，如头部的形状同域与异域分布时明显不同。两种锄足蟾 *Spea bombifrons* 和 *S. multiplicata* 形态上都分杂食型（身体小而圆，颚肌不发达，取食有机碎屑）和捕食型（身体大而扁，颚肌较发达，取食甲壳动物）。当分布在不同地方时，两种蟾蜍种群内都存在两种类型的个体，但共存时，前者只有捕食型个体，而后者只有杂食型个体（Pfennig and Murphy，2003）。可见同域时，不同种的生态位分化，证明它们在生态上确实存在不同。

然而生态位的识别和研究有时十分困难，也需要较长期的跟踪研究，对个体较小、生态位重叠的生物有时不太适用。例如，在同一培养皿培养基上生长出来的不同菌落的生态位就很难确定。还有，生态位也不适应于古生物，使用也没有形态特征那样方便。

4.6　多种标准综合运用来区分物种

生物物种的存在是全方位的。如果一种方法不足，可以用多种方法来检测。Brooke 和 Rowe（1996）报道，海鸟 *Pterodroma heraldica* 种群中有两种形态：一种体色较浅；一种体色较深。仔细观察后发现，它们似乎在选择配偶上也有倾向性。用 *Cyt b* 序列比较后发现它们是两个种。这种长得极像却是不同物种的现象在果蝇、鱼、鸟以及哺乳动物中已发现很多。

露尾甲 *Acanthoscelides obvelatus* 生活在豆科植物 *Phaseolus vulgaris* 上，以前根据体色和触角形态，认为它们只有一种。后来根据外生殖器形态，认为有两种，并将另一种命名为 *A. obtectus*。Alvarez 等（2006）根据基因研究和系统发育关系分析，证实它们的基因库有不同，一年后，他又分析了它们的生态位，表明它们在分布上是重叠的，但分别寄生在野生和栽培豆上，且生活史也不同。

美国大湖区的狼曾被认为与亚欧大陆的灰狼 *Canis lupus* 不同，2008 年通过线粒体序列的研究更发现这一种群拥有灰狼和郊狼 *Canis latrans* 的基因。另外，美国东部和加拿大的狼也曾被认为与灰狼不同而被命名为 *Canis lycaon*，但后来发现它们在形态上无显著区别而被归为一种。Wheeldon 和 White（2009）通过对这 4 个种群线粒体的进一步研究后发现，大湖区的狼可能是东部狼 *Canis lycaon* 与灰狼的杂交后代，而非灰狼与郊狼的杂交体。这 4 个种群在历史上可能都有杂交，且分化时间较短。

4.7 评 论

人类对生物物种的认识因受时间、技术的限制，不同学者对不同学科的关注点不同、理论性与实用性冲突等原因而呈现多样化特征。尽管手段和方法不一，但大家都试图提示物种存在的客观本质。但由于物种在自然界的存在是既连续又间断的，在空间和时间上也呈现不同的面貌，对其的综合认识往往不足。

更为重要的是，物种是客观的，而人类对其的认识却是完全主观的。即使是客观标准（如生殖隔离）也可能只适用于部分生物（如对化石就不起作用）。如何用主观的语言将客观的存在进行明白表达是一个大课题。

还有，对物种这一客观存在的判断有时根据其本身的特征或特性（如形态特征）来判断，但很多学者却用不同物种之间的关系（如生殖隔离、生态位、遗传差异度等）来进行表述或描述。这也造成一定的困难，因为很多生物个体或群体与其他生物之间没有直接关系或联系（如无性繁殖的生物、化石等）。

总之，无论用什么方法来识别生物物种都存在一定的局限性和不足。因而用来判断具体生物物种的标准和方法似乎就不能用来定义生物，它们只能是识别物种的手段和依据，也只是生物物种本质的外部表现而已。对生物物种进行定义似乎要回到针对其本质上来。

5   物种定义简史

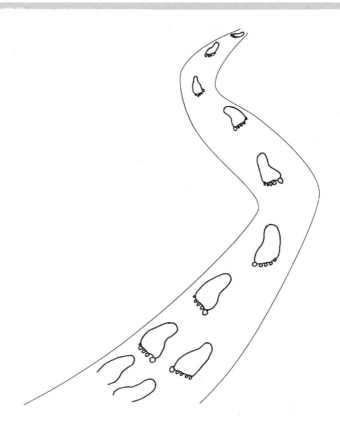

　　物种本没有定义也不需要定义，因为它们是不言自明的。随着认识的不断加深、知识的不断积累，人类逐渐意识到物种的客观性存在。然而，如何判断其客观性或者说物种的客观性标准是什么在不同学者之间争议极大。再加之生物种类很多，不同物种之间在生物学、形态甚至基因间隔程度上千变万化，几乎所有的可能都存在，客观上也给物种定义增加了困难。

　　需要特别强调的是，物种定义是指对种级分类阶元的定义，不是对具体生物物种（分类单元）的定义，或者说，物种定义就是提供区分和判断具体生物物种的标准，而不是对具体生物物种进行描述和限定。

　　假定你在一处草丛中捕捉到一些蝗虫，从形态上它们可以分为 4 个类别：黄色有翅的、绿色有翅的、黄色无翅的、绿色无翅的。再仔细研究后发现，黄色有翅的与绿色无翅的蝗虫实际是雌雄不同，它们能交配繁殖后代。如果现在要问这 4 个类别的蝗虫代表了几个物种？可能不同的人甚至研究专家都不太好回答。换言之，给出一个判断不同物种的标准是十分重要和根本的问题。

　　历史上有很多学者都做过尝试。综合看来，笔者认为物种定义主要经历了以下 5 个历史阶段（图 5.1）。

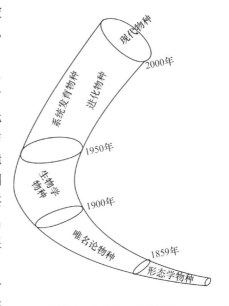

图 5.1　物种定义简史图解

5.1　达尔文之前的物种定义——自然朴素的物种定义时期

图 5.2　林奈画像

　　在人类认识的早期，对自然和物种的认识针对的是具体的生物实体或分类单元，或者说物种取决于研究者或先民对生物的认识，主要建立在特征的基础上。这一时期的物种可以称之为民间物种概念（folk species concept）或朴素自然的物种认识。

　　在西方，从柏拉图至亚里士多德都提到过不同的生物种类，后者（公元前 384 至公元前 322 年）更将动物区分为鸟类、鱼类、鲸和昆虫等不同门类。至 1758 年，林奈（Carl von Linné，或 Carl Linnaeus、Carolus Linnaeus，图 5.2）的《自然系统》（Systema

Naturae）出版，此时对生物种类的认识基本已成熟。在我国，至少《诗经》中就有许多不同的生物种类名称，说明当时的先民已可以区分很多不同生物种类。这一时期，由于当时人们的认识有限，活动范围也很小，对生物的认识和对物种的区分基本都局限于本地的种类。由于某一地区的大型生物尤其是大型高等动物种类之间有明显的区分，种类也很有限，通过外部特征就可以较轻松地认识和标记，因此这一时期人类对生物和物种的认识基本没有大的冲突。

　　在现代，这种基于认识的或基于特征判断的物种概念表现为数值分类学派的物种概念，只不过它更强调多种特征的综合运用和计算机的运算，而不仅是以前基本上只依靠专家经验性的认知和个人判断。

5.2　1859～1900 年以进化论为基础的物种定义时期

　　然而随着社会的进步和技术的不断发展，尤其是航海技术的日臻完善，人类的活动范围不断扩大，对生物的认识也迅速加深，中间过渡类型生物也不断被发现，因此，过去所通用的主要是经验性的物种概念或建立的物种模式和范畴渐渐

图 5.3　达尔文画像

受到挑战，不同学者对同一群生物的认识和描述有时冲突极大。一个问题就自然而然地被提出："什么是物种？"或者说："判断不同物种的标准是什么？"

　　还有，达尔文（Charles Darwin，图 5.3）于 1859 年出版了《物种起源》，宣告了生物进化论的正式诞生。而根据当时的这个理论，生物的进化是逐渐的、渐进的、缓慢的，有点像流水或时间那样绵绵不绝、连续不断，物种与物种之间似乎没有明显的间断。如果是这样，那么物种在自然界根本不存在，它们只能是人为提出的主观概念。或者说，物种的范围或界限是人为定义的，即唯名论的物种定义。

> Darwin（1859）：将某一生物型组称为一个种或一个变形，自然学者有他们自己的判断并且经验似乎要起主要作用。
> In determining whether a form should be ranked as a species or a variety, the opinion of naturalists having sound judgment and wide experience seems the only guide to follow.（Mayr, 1942）

这一时期的物种定义基本以进化论为基础，在理论上一般认为生物物种是主观的，但在实际分类过程基本以形态特征为主，强调可操作性。争论主要在唯名论物种定义与形态学物种定义之间进行。

5.3 1900～1950 年生物学物种定义时期

孟德尔（Mendel）1865 年在当地的学会上报道了他的发现：生物的特征（如豌豆花的颜色、高度等）在传递给下一代时有一定的数量规律，并且能长期保存。此学说虽然在当时没有引起太大的重视，但在 20 世纪初科学界逐渐认识到它的重要意义，相关研究蓬勃发展。摩尔根（Morgan）进一步将特定的基因定位在特定的染色体上，并发现了突变的广泛存在。然后随着群体遗传学的兴起和发展，到 20 世纪 30 年代，已可以将遗传变异产生的主要原因（突变和重组）、群体遗传学主要内容（基因频率在群体中的变化规律）和自然选择（外界环境如何影响基因频率的改变）等几个方面统一起来，综合进化论应运而生，其标志是《遗传学和物种起源》的出版（1937 年），代表人物有 Dobzhansky、Ernest Mayr（图 5.4）等。

图 5.4 Ernest Mayr 画像

Mayr（1940，1942）：一个物种就是一个种群集合，它们因为地理或生态原因而间断，种群之间是逐渐过渡的且在接触过程中会杂交产生后代，而种群集合（物种）之间因为有地理或生态的隔障存在而不能杂交，即使它们有此潜能。

A species consists of a group of populations which replace each other geographically or ecologically and of which the neighboring ones intergrade or interbreed wherever they are in contact or which are potentially capable of doing so（which one or more of the populations）in those cases where contact is prevented by geographical or ecological barriers.

种群遗传学研究的重点是基因频率在种群中的变化及其机制。因此，它非常强调种群和基因库这两个概念。也正由于此，这一学派的研究人员比较强调基因库的独立性以及它们保持独立性的机制，并提出了有广泛影响的生物学物种概念

（biological species concept）。

　　生物学物种概念突出了物种在自然界的存在状态，并且非常适用于高等生物尤其是高等动物，因而受到了广泛关注并被接受。然而，它也引起了极大争论。其主要原因之一是此定义不能适用于古生物、无性繁殖的生物等。原因之二是Mayr 在 1942 年对此定义做了少许字句上的修改。

> Mayr（1942）：物种是具有实际或潜在（交配）繁殖的自然群
> 体，它们（同其他这样的群体）在生殖上是隔离的。
> Species are groups of actually or potentially interbreeding na-
> tural populations，which are reproductively isolated from other
> such group.

　　如果说 Mayr（1940）的定义还着重强调或突出物种在自然界的实际状态的话，那么 Mayr（1942）的修订则着重调整生殖隔离（reproductively isolation）。由于生殖隔离往往是指生物学上的隔离现象，那么在生物学上不适用或进行无性繁殖或以特征识别为研究前提的学者那里，此定义遭到了极大反对，也引起了很大争议。可以说，物种定义的争论主要源自于此。

　　还有一个重要原因是 Mayr（1942）将历史上的物种定义进行了分类，并以后屡次修改和改进他的分类系统。他这种贴标签和经常更换名词的做法也引起了一定的争论，使新名词迭出和问题复杂。

　　无论如何，生物学物种定义 1940～1950 年在生物学界具有举足轻重的地位，只是在一些特定的领域内才不被承认和采纳。

5.4　支序系统学形成至成熟时期的物种定义——系统发育物种定义时期（1950～2000 年）

图 5.5　Willi Hennig 画像

　　Hennig（图 5.5）1950 年出版了《系统发育系统学理论大纲》（*Grundzüge einer Theorie der phyloge-netischen Systematik*），随后于 1965 年和 1966 年用英文对更广泛的同行做了介绍，标志着支序系统学的诞生。此学说的核心内容和目标是想建立稳定的且严格反映进化论或进化过程的分类系统。为此，该学说提出物种就是一个最小的单系群，或者说一个物种就是一个拥有共有衍征的最小种群。由于衍征也就是特征（但不同于一般的特征，衍征是反映进化关系的"重要"特征），因此该学派更强调物种的可识别性或可操作性。

另外，此学派又强调进化论，试图在时间纵向上也对物种严格区分，因此它提出物种是一段时间内的客观存在，存在于两次种化过程之间。

> Hennig（1966）：在时间纵向上，物种存在于两次种化过程之间：它作为一个独立的繁殖群体起源于第一次的种化过程而消失于第二次。
>
> The limits of the species in a longitudinal section through time would consequently be determined by two processes of speciation: the one through which it arose as an independent reproductive community, and the other through which the descendant of this initial population ceased to exist as a homogeneous reproductive community.

支序系统学提出的物种概念或物种定义既强调特征，又强调明确的时间间隔，有时还强调生殖隔离，因而也引起了很多争论。在该学派内部，由于不同学者对上述三个方面的不同侧重，也有一些争论，提供了多个版本的物种定义。

另外，几乎与此同时，古生物学界也提出了进化物种概念（evolutionary species concept）。此概念基本只适用于古生物且强调世系传承，或者说强调物种在时间维度上的存在但又没有提出间断物种在时间上的客观标准，往往也只是用形态上的特征来分隔，因而也受到其他学派的反对。可以说，支序系统学派的物种定义、生物学物种定义、进化物种定义之间的争论，支序系统学派内部不同学者之间的争论构成了物种定义争论的主体和骨架。

在时间上，各派之间的争论基本结束于 2000 年以前，但目前仍有零星争论。

5.5 当前的物种定义——多种定义并存时期

1990 年以后，科学家们逐渐意识到与其在抽象的物种概念上打转不如实实在在地提出区分不同物种的标准。然而，物种形态多样，因此，许多人提出没有统一的物种概念或标准，不同的生物类群可能需要不同的物种定义或标准。在此基础上，不同领域的研究者提出了一些可能更适合于特定领域的物种定义，在一定程度上，也使物种定义更加多样化。

然而，可能也正因为这些物种定义太过专一和狭窄，引起的争论没有上述几种定义那样广泛，但也使问题更加复杂化。

5.6　物种定义名称

Mayr（1942）提出当时的物种定义可以分为实践物种概念（practical species concept）、形态学物种概念（morphological species concept）、遗传学物种概念（genetic species concept）、杂交不育物种概念（species concept based on sterility）、生物学物种概念（biological species concept）等。Mayr（1963）又将物种定义分为模式物种概念（typological species concept）、无维度物种概念（no-dimensional species concept）、杂交种群物种（interbreeding-population concept）。Mayr（1969）又将其分为模式物种概念（typological species concept）、唯名论物种概念（nominalistic species concept）、生物学物种概念（biological species concept）3 类。Mayr（1982）又把它们分为早期物种概念（early species concept）、本质论物种概念（essentialist species concept）、唯名论物种概念（nominalistic species concept）、达尔文的物种概念（Darwinian species concept）、生物学物种概念（biological species concept）等。至 2000 年他又增加了识别物种概念（recognition species concept）、生态学物种概念（ecological species concept）、内聚物种概念（cohesion species concept）等许多名词和称号。Blackwelder（1967）统计已经有 20 个有关"种"的名称（表 5.1）。

表 5.1　Blackwelder（1967）统计的 20 个有关"种"的名称

1. genetical species（遗传物种，与生物学物种同义）
2. biological species（生物学物种）
3. biospecies（生物物种，与生物学物种同义）
4. agamospecies（单性物种）
5. sibling species（姐妹种）
6. polytypic species（多型种）
7. polymorphic species（多态种，与多型种同义）
8. monotypic species（单型种）
9. evolutionary species（进化种）
10. transient species（瞬间种）
11. successional species（连续种）
12. paleospecies（古种，与演替种同义）
13. paleontological species（古生物种，化石种）
14. panmictic species（随机交配种，与单型种同义）
15. philopatric species（地域种）
16. incipient species（初始种，与地理亚种同义）
17. morphospecies（形态种）
18. form species（片段种，指不可认的片段化石）
19. paraspecies（拟种）
20. non-dimensional species（无维度种）

Ridley（1993）提出至少有 7 种物种定义，分别为表征（phenetic）、生物学（biological）、识别（recognition）、生态（ecological）、支序（cladistic）、多元（pluralistic）和进化（evolutionary）物种概念。King（1993）总结认为有 8 个物种定义，分别为形态（morphological）、生物学（biological）、识别（recognition）、内聚（cohesion）、进化（evolutionary）、支序（cladistic）、生态（ecological）和系统发育（phylogenetic）物种定义。据 Mayden（1997，2002）统计，历史上至少出现过 22 个科学意义上的物种定义（表 5.2）。

表 5.2　22 个物种定义（Mayden，1997，2002）

1. agamospecies concept（无性繁殖物种概念）

2. biological species concept（生物学物种概念）

3. cladistic species concept（支序物种概念）

4. cohesion species concept（内聚物种概念）

5. composite species concept（组成物种概念）

6. ecological species concept（生态学物种概念）

7. evolutionary significant unit（进化显著单元物种概念）

8. evolutionary species concept（进化物种概念）

9. genealogical concordance concept（血亲协调性物种概念）

10. genetic species concept（遗传学物种概念）

11. genotypic cluster concept（基因簇物种概念）

12. Hennigian species concept（亨氏物种概念）

13. internodal species concept（内节点物种概念）

14. morphological species concept（形态学物种概念）

15. non-dimensional species concept（无度量物种概念）

16. phenetic species concept（表型物种概念）

17. phylogenetic species concept（系统发育物种概念）

　　phylogenetic species concept（diagnosable and monophyly version）（形态识别–单系版）

　　phylogenetic species concept（diagnosable version）（识别版）

　　phylogenetic species concept（monophyly version）（单系版）

18. polythetic species concept（综合物种概念）

19. recognition species concept（识别物种概念）

20. reproductive competition concept（生殖竞争物种概念）

21. successional species concept（连续物种概念）

22. taxonomic species concept（分类学物种概念）

而根据 Wilkins（2006b）的统计和整理，至少有 27 种物种定义。它们分别可能还有其他类似名称，因而物种定义问题十分复杂（表 5.3）。

表 5.3　Wilkins（2006b）统计和整理的物种定义

1. agamospecies（无性繁殖物种概念）

2. autapomorphic species（独征物种概念）

3. biospecies（生物物种概念）

4. cladospecies（支序物种概念）

5. cohesion species（内聚物种概念）

6. compilospecies（掠夺物种概念）

7. composite species（组成物种概念）

8. ecospecies（生态物种概念）

9. evolutionary species（进化物种概念）

10. evolutionary significant unit（进化显著单元物种概念）

11. genealogical concordance species（血亲协调性物种概念）

12. genic species（基因物种概念）

13. genetic species（遗传学物种概念）

14. genotypic cluster（基因簇物种概念）

15. Hennigian species（亨氏物种概念）

16. internodal species（内节点物种概念）

17. least inclusive taxonomic unit（最小分类单元物种概念）

18. morphospecies（形态物种概念）

19. non-dimensional species（无维度物种概念）

20. nothospecies（杂交物种概念）

21. phenospecies（表征物种概念）

22. phylogenetic taxon species（系统发育分类单元物种概念）

23. phylospecies（系统学物种概念）

24. recognition species（识别物种概念）

25. reproductive competition species（繁殖竞争物种概念）

26. successional species（连续物种概念）

27. taxonomic species（分类学物种概念）

另外，陈世骧（1978，1987）提出过一个"三单元论"的物种概念，Bock（2004）提出过一个改进型的生物学物种概念，Wilkins（2006a）提出过一个改进型的"病毒物种概念"。可以看出，目前的物种概念大约可以分为 30 大类，如果仅以名称计，常见的则有 60 多个（表 5.4）。

表 5.4　物种定义名称汇总（Mayden，1997；Wilkins，2006b）

agamospecies concept	无性繁殖物种概念
autapomorphic species	独征物种概念
biological species ＝biospecies＝biological species concept	生物学物种概念
chronospecies	时间种

续表

cladospecies= cladistic species concept=phylospecies=cladistic species concept	支序物种概念
classical species	经典物种概念(指19世纪以前的物种概念)
cohesion species concept	内聚物种概念
compilospecies	掠夺物种概念
composite species concept	组成物种概念
cynical species concept	人为物种概念
Darwinian species concept	达尔文物种概念
early species concept	早期物种概念
ecological species concept	生态学物种概念
ecospecies	生态物种概念
essentialist species concept	本质论物种概念
evolutionary significant unit	进化显著单元物种概念
evolutionary species concept	进化物种概念
folk species concept= folk taxonomic kinds	民间物种概念
form species	片段种，指不可认的片段化石
genealogical concordance concept	血亲协调性物种概念
genealogical species concept	血亲物种概念
genetic species concept	遗传学物种概念
genic species	基因物种概念
genomospecies	基因组种
genotypic cluster concept	基因簇物种概念
Hennigian species concept	亨氏物种概念
hybrid species	杂交种
hypermodern species concept	膜翅目物种概念
incipient species	初始种（与地理亚种同义）
interbreeding-population concept	杂交种群物种
internodal species concept	内节点物种概念
least inclusive taxonomic unit	最小分类单元物种概念
Linnaean species	林奈物种概念
microspecies	微生物物种或无性繁殖物种
minimal monophyletic units	最小单系群物种
monotypic species	单型种
morphological species concept= morphospecies	形态学物种概念
no-dimensional species concept	无维度物种概念
nominalistic species concept	唯名论物种概念
non-dimensional species concept	无度量物种概念

续表

nothospecies	杂交物种概念
operational taxonomic unit	分类操作单元
paleontological species	古生物种，化石种
paleospecies＝successional species concept	古种，与连续物种概念或演替物种同义
panmictic species	随机交配种（与单型种同义）
paraspecies	拟种
phenetic species concept＝ phenospecies	表型物种概念
philopatric species	地域种
phylogenetic species concept (diagnosable version)	系统发育物种概念，识别版
phylogenetic species concept (monophyly version)	系统发育物种概念，单系版
phylogenetic species concept ＝phylospecies	系统发育物种概念
phylogenetic taxon species	系统发育分类单元物种概念
pluralistic species	多元（或复数）物种概念
polymorphic species	多态种（与多型种同义）
polythetic species concept	多型物种概念
practical species concept	实践物种概念
quasispecies	似然物种
recognition species concept	识别物种概念
reproductive competition species concept	生殖竞争物种概念
reticulate species	网状物种
species concept based on sterility	杂交不育物种概念
specific mate recognition system＝recognition species concept	识别物种概念
successional species concept	连续物种概念或演替物种概念
taxonomic species concept	分类学物种概念
three units species	"三单元论"物种概念
transient species	瞬间种
typological species concept	模式物种概念
viral species	病毒物种概念

　　我国学者对物种定义的研究不多。除陈世骧（1978，1987）提出过自己的物种概念外，只有孟津和王晓鸣（1989）、同号文（1995）做过较严肃认真的综述和总结，周长发（2009）对此问题有过较详细的汇总和介绍。

　　Wilkins（2006b）将他统计所得的近 30 个物种定义做了归类，分为七大类：无性繁殖物种概念（agamospecies）、生物学物种概念（biospecies）、生态物种概念（ecospecies）、进化物种概念（evolutionary species）、遗传学物种概念（genetic species）、形态物种概念（morphospecies）和分类学物种概念（taxonomic species)。而以笔者之观察，已有的物种概念之间往往内容差别很大，但很多概念的内涵也是有重叠的，要严格区分它们十分困难。在所有定义中，其中引起广泛注意的是 3 个或 3 类：生物学物种概念、进化物种概念和系统发育物种概念。

6 强调形态相似和识别的物种定义

人类对事物的认识总是先易后难、先表后里、由浅入深的。我们对生物的认识首先也主要是从其形态特征入手来加以识别的，因而早期的物种定义也就往往使用形态指标或特征。

另外，在实际分类过程中，分类学家往往根据经验和先例来区分作为分类单元的物种，虽然在不同的领域或类群所使用的指标不同，但他们心中往往都有一定的标准，并将其作为判断物种的依据。

6.1 形态学物种概念

形态学物种概念（morphological species concept）概念又可称为模式物种概念（typological species concept）或本质论物种概念（essentialist species concept）（Mayr，1969，2000）。因为物种有其本质，那么对本质的描述或定义就可称为本质论的物种概念。如果用形态标准来分类或区别物种，就必须设立一个模式作为标准。所以该概念有时又可称为模式物种概念。

人类利用形态特征来认识物种由来已久，且在神创论流行的时期，人们持有的是静止的、机械的、稳定的、不变的物种概念，即模式物种概念（图 6.1）。该概念认为：物种是表型上相似的生物群体，或者物种是与模式一致的生物群体。可以将其分解为 4 个方面：物种是由具有同一本质的相似个体组成；每个物种都凭借分明的不连续性同所有其他物种分开；物种不变；任何一个物种的可能

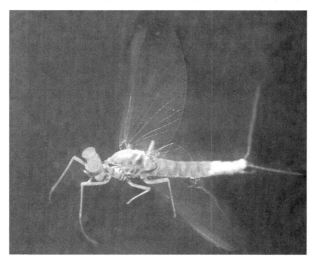

图 6.1 模式物种示例

红柱四节蜉 *Baetis rutilocylindratus* 正模，在分类时，可将其用作形态比较的根据和参考

的变异都有严格的限制。持这种观点的代表人物有林奈等。

很多人都提出过类似的形态学物种定义。

Ray (1686)：物种是由共同祖先繁衍而来的不同变异个体的聚合体。

A species is an assemblage of all variants that are potentially the offspring of the same parents. （Mayr，1982）

Linnaeus (1751)：种的多样性自创造以来未曾改变。

There are as many species as the infinite being produced diverse forms in the beginning. （Mayr，1982）

Buffon (1749)：物种就是不断繁殖的相似个体的永恒聚合体。

A species is a constant succession of similar individuals that can reproduce together. （Mayr，1982）

Linnaeus (1758)：物种就是由形态相似的个体或种群组成的集合。

A species is a group of individuals or populations with the same or similar morphological characters. （Mayr，1942）

Cuvier (1815)：一个物种就是一群个体的集合，它们源自同一个体或共同父母或相似个体。

A species as the reunion of individuals descended from one another, or from common parents, or from such as resemble them as strongly as they resemble each others. （Dobzhansky，1970）

Bernard (1896)：具有明显特征的标本可设立为模式，并且具有最高地位，后来的研究和其他的标本可与之比较。

Certain striking and conspicuous specimens (or single specimens which have already been described by previous workers) are selected as types, and the remainder are divided, according as, in the opinion of the individual worker, they approach one or the other of these favored specimens. The types are thus in the highest degree arbitrary and accidental, as is also, it must be confessed (though in a less degree), the selection of other specimens to be associated with them. (Mayr，1942)

Cronquist (1978, 1988)：物种就是用普通方法可以鉴别的具有持续、固定、明确特征的最小生物群体。
Species are the smallest groups that are consistently and persistently distinct, and distinguishable by ordinary means.

6.2　分类学物种概念

在现代，许多分类学家虽然在理论上可能也承认物种的客观性和进化论，但在实际操作过程中为了方便和实用也提出过分类学上的物种定义。Blackwelder (1967) 提出了分类学物种概念 (taxonomic species concept)。由于这些研究人员强调物种概念的可操作性、判断性和实用性，它又可称为实践物种概念 (practical species concept) (Mayr，1942)。

Regan (1926)：物种是生物群体或群体组合，它的存在和命名是由合格的分类学家依据明确的特征来限定的。
A species is a community, or a number of communities, whose distinctive morphological characters are, in the opinion of a competent systematist, sufficiently definite to entitle it, or them, to a specific name. (Huxley，1943；Rosen，1978)

Shull (1923)：物种就是最早确立的识别个体组合，对于大型植物和动物而言，它们可简单地由学者通过放大镜来辨认。
Species may be defined as the easily recognized kinds of organisms, and in the case of macroscopic plants and animals their recognition should rest on simple gross observation such as any intelligent person can make with the aid only, let us say, of a good hand-lens. (Mayden，1997)

Blackwelder (1967)：物种是一个集合的而非单个的概念，它可由或多或少的特征所限定，这些特征可来自祖先、结构或功能等多个方面。

What is left is a species-group definition，which may be based on few or many characters，features from one field or all possible fields，features related to ancestry，structure，or function．

6.3　表征物种概念

　　一些低等生物，如病毒、细菌、原生动物和植物，由于它们往往十分微小或特征不太明确，在分类时往往不太容易找到重要或关键特征，只能采用多种特征或数量特征进行对比。在 20 世纪中期，数值分类学派（numerical systematics）或表征分类学派（phenetics）应运而生。其实数值分类的理念起源很早，应用也早已有之，但完整系统地提出该理论的是 Sokal 和 Sneath，其主要思想和内容包含在两本书中（Sokal and Sneath，1963；Sneath and Sokal，1973）。

　　数值分类学派认为，两个物种关系越近，其共有的性状及其相似性就越多。这种性状上的相似性反映了共同基因的多少，因此它们的相似程度和相互关系也就反映了遗传关系。因此，在建立分类系统时，需要并且只能依据生物的总体相似性（overall or total similarity）。在参照传统分类的基础上，就可以将总体相似度高的分类操作单元（operational taxonomic unit，OTU）称为一个物种。因此他们的物种定义可称为表征物种概念（phenetic species concept）（图 6.2）或数值分类物种概念（numerical species concept）或多重相似物种概念（polythetic species concept）。一般认为，其实际与形态学或分类学物种概念无异。

　　　　Sokal 和 Sneath（1963）：一个集合（包括种）就是依据集合内所有成员所拥有的具有足够说服力的共同特征所决定的。
　　　　A class is ordinarily defined by reference to a set of properties which are both necessary and sufficient（by stipulation）for membership in the class.

　　　　Sokal 和 Crovello（1970）：种就是形态上可识别的相似的个体集合。
　　　　The species has simply implied the recognition of groups of morphologically similar individuals that differ from other such groups.

　　　　Sokal 和 Crovello（1970）：分类操作单元（OTU）间的相似程度要建立在生物体或种群所有可以观察到的特征上。

All observable properties of organisms and populations are considered in estimating phenetic similarities between pairs of OTUs.

Sneath (1976)：种就是表型特征可以清晰观察到的最低分类单元。

The species level is that at which distinct phenetic clusters can be observed.

Sokal (1973)：表征物种概念是由数值分类学家提出的，它是分类学家对种群边界多重特征数值估算的结果。在数值分类学家看来，其物种概念是对传统形态物种概念的数量化和精确化。

The phenetic species concept advocated by the numerical taxonomists is based on the numerical evaluation of the boundaries of populations in a character hyperspace. The species of the numerical taxonomist is only a quantification and refinement of the phenetic species of the orthodox taxonomist.

图 6.2　表征物种示例

表征物种概念强调生物体的总体相似程度，最好是将所有特征数值化后的比较；问题是到底相似到何种程度为相似？图中两蛇如果只有头部略有区别，它们相似吗？

6.4　人为物种概念

由于基于形态或分类实用目的物种概念主要依据生物的外部形态特征，而形态特征往往是由分类研究人员掌握的，因此有些学者在此方面就走向了极端，提出物种完全可以由人来决定，或完全是由人决定的。Kitcher (1984) 在此基础上提出了人为物种概念（cynical species concept）。

Darwin（1859）：对于一生物型是作为种看待还是作为一个变型看待，我们可能只能依赖于自然学家的判断和经验。

In determining whether a form should be ranked as a species or a variety，the opinion of naturalists having sound judgment and wide experience seems the only guide to follow.（Mayr，1942）

Burma（1949）：种和亚种都是分类学家研究的单元，它们都是为了方便而给予的任意群体的名称标签，只具有极少的生物学意义。

Species and subspecies are the units with which the taxonomist deals，but they are merely convenient labels for arbitrary groupings and have only a minimum of biological meaning.

Blackwelder（1967）：分类学家可根据标本的共同特征来定义物种。

Taxonomists can define species as groups of specimens agreeing in pertinent attributes.

Blackwelder（1967）：一个物种就是由分类学家所认为或认定的一组标本，它们由有限世代间具亲缘关系的不同个体之间的相似性和遗传学来归类，当然遗传学关系不能运用时，分类学家可以参照惯例来区别动物。

A species consists of all the specimens which are，or would be，considered by a particular taxonomist to be members of a single kind as shown by the evidence or the assumption that they are as alike as their offspring or their hereditary relatives within a few generations. When there is no evidence of the hereditary relationship，the taxonomist will rely on distinctions that have been found to be effective in segregating species among other animals.

Kitcher（1984）：物种就是由合格的分类学家所承认的生物

群体。

Species are those groups of organisms which are recognized as species by competent taxonomists.

6.5　评　　论

用形态特征来区分物种应用最早、使用最广，是分类实践的主体。然而，基于形态学的物种定义面临以下几个困难。

个体差异：世界上一模一样的两个生物个体是几乎找不到的，它们或多或少都有一点差异。例如，一块地里同时播种的庄稼都会有高低肥瘦的差别，一棵树上开的花也有大小色泽方面的差异（图6.3），人的肤色由白到黑变化很大等。如果说，物种是形态上相似的生物群体，那么相似到何种程度为相似？

图6.3　个体差异示例
同一植株上的花有时也有形态和颜色上的区别

雌雄差异：在很多生物中，雌雄之间的差别是很大的。就人来说，男女之间在体重、身高、体态、性征、心理甚至解剖结构（如骨盆和肩膀的宽度之比）等方面都有差异。鸟类雌雄之间的差别有时极大，如雄孔雀的尾巴远长于雌性的等（图6.4）。在这种情况下如何确定模式？如果确定的模式是雄性具长尾巴的个体，与之有显著差别的雌性到底与模式是否为同一物种？

形态的可塑性：同一种生物或同一生物个体，其特征也会发生改变。同一株植物如果种植在酸性、碱性不同的土壤中，其花会有红、蓝的区别；生活在水下

的水毛茛 *Ranunculus flabellaris* 的叶子与生活在水上的宽叶相比有很大的不同，要轻软得多；在不同的光照强度下，植株高度会有明显不同；一个人连续晒几天太阳其皮肤会变得黑一些。在这种情况下，如何确定模式？

图 6.4　雌雄差异示例

木鸭 *Aix sponsa* 的不同性别之间差别十分显著，左雄右雌

相似不等于相同：长得很像的两个生物不一定就是相同的生物。例如，美国的两种草地鹨 *Sturndu magna* 和 *S. neglecta* 长得极像，在外部特征上极难区别，但叫声却有明显区别 (Cody，1969)。生长在沙漠中的仙人掌科与大戟科植物极为相似，但花的结构等却又不同。因此，如何定义相似或相同？

对表征物种概念来说，如果用总体相似性进行分类与归群，那么到底到什么程度可以说是"总体相似"了呢？或者说，在分析计算时到底需要多少特征呢？是不是越多越好？1000 个肯定比 100 个特征更有效吗？50% 的相似性一定比 51% 的相似性就差吗？到底要相差多少才能说两个分类操作单元是不同的？这是不是演变成对特征及其数目的无限追求和寻找？这实际上既浪费也无意义，对有些特征较少的生物也不可能。

形态特征以及基因型的改变不一定是相互对应的。例如，只有一小部分的基因可以得到表达；决定同一特征的基因数目在不同生物可能相差极大；基因型相同的生物在表型上可能相差很大，反之亦然。一个明显的例子是在有些生物门类中（如植物和鱼类），基因组的大小可以相差几个数量级。可见生物基因型与表型之间的关系相当复杂，表型相似的生物并不一定基因型相同或相似。

　　用表面上看起来相似的特征所建立起来的分类是不合理的，也是与进化过程格格不入的。因为在进化过程中会有平行进化和趋同进化所造成的相似性。例如，某些特型演员长得与历史人物或现实人士极为相像，在外表上甚至远远超过这些人士与其亲生子女的相似程度。如果仅用形态相似性来归类，显然有时候不能反映血亲关系。

　　物种都是进化产生的。在时间维度上，生物的特征是不断改变和积累的。因此用形态特征来认识物种或定义物种在时间向度上找不到一个准确的起点和终点。

　　总之，物种是客观存在的，而形态特征的认识却是主观的，不同时期或不同研究人员对特征及其重要性的认识也不同，对同一特征的认识可能也会发生差异。主观、客观如何协调是一个问题。还有，物种在本质上是有其变异范围的，而人类对特征变异范围的认识却是一个不断加深和扩展的过程。这两方面有时也不能协调。再者，特征只是反映物种本质的一个方面，物种客观性在其他方面的表现在此类定义中都未能表达。可见，用形态或其相似性来定义物种显然是有缺陷的。它希望抓住生物的本质却没有明了生物的本质。

7 强调进化或世系传承的物种概念

由于使用形态证据来分类或区别物种有诸多弊端，如随着研究的深入细致，人们越来越认识到生物群体内变异性的存在。另外，随着进化论的提出，人们意识到，无论是在历史的长河中还是时间的横断面上，生物种群内部及物种之间都是不断变化的。而变化往往都是缓慢、逐步、渐进的。因此，生物之间肯定是连续的，而不具有完整性和间断性。这与不连续的、界限分明的本质论或形态学物种概念相矛盾。基于此，许多研究人员希望在进化论的基础上来定义物种，他们中以研究无性繁殖和化石的专家为主。

7.1 唯名论物种概念

唯名论物种概念（nominalistic species concept）由 Mayr（1969）归纳和总结。其主要观点是：只有个体是真实的，物种或其他等级都是人为的；不存在真实的物种，物种只是人为的名称。大自然中不存在物种，物种被发明出来是为了我们可以总起来称呼大量个体（图 7.1）。持本观点的主要代表人物有达尔文等。它有时又被称为达尔文物种概念（Darwinian species concept）。持这种观点的学者往往认为不同的分类单元或研究类群需要不同的物种定义或识别标准，即在一定程度上认为物种是可以主观识别的。

图 7.1 唯名论物种概念示意

物种或种群的界定完全是人为的，图中的种群或物种边界的划定取决于研究者的意见和决定

Darwin（1859）：种就像属一样，就是为了方便而人为设定的；这虽然听起来不太舒服，但至少可让我们不要枉费心机地去寻找虚无的物种了吧！

In short, we shall have to treat species in the same manner as those naturalists treat genera, who admit that genera are merely artificial combinations made for convenience. This may not be a cheering prospect, but we shall at least be freed from the vain search for the undiscovered and undiscoverable essence of the term species. (Mallet, 1995)

Darwin (1859): 种与其他分类阶元一样，都是为了方便而人为给予的对一群相似生物的总称，它与变型没有本质区别，而后者之间的区别可能相对于种要小一点。

...the term species, as one arbitrarily given for the sake of convenience to a set of individuals closely resembling each other, ... it does not essentially differ from the term variety, which is given to less distinct and more fluctuating forms. (de Queiroz, 2005)

Bessey (1908): 自然界只创造出个体，种在自然界并不存在，它们只是人为想象的概念；物种被发明出来是为了我们可以总起来称呼大量个体。

Nature produces individuals and nothing more ... species have no actual existence in nature. They are mental concepts and nothing more ... species have been invented in order that we may refer to great numbers of individuals collectively. (Mayr, 1969)

Locke (1690): 种与种之间的界线是人为设定的，也是由人来排列的。

I think it nevertheless true that the boundaries of species, whereby men sort them, are made by men. (Mayr, 1982)

Gilmour (1940): 物种就是由一群可以被分类学家识别其变异程度的个体的集合。

The species is a group of individuals which, in the sum total of their attributes, resemble one another to a degree usually accepted as specific, the exact degree being ultimately determined by the more or less arbitrary judgment of taxonomists. (Kaplan, 1946)

　　唯名论物种概念的主要缺点是：在同域的自然群体之间确实保持着内在的不连续性。明显的例子有：蟋蟀 *Gryllus veletis* 在春天交尾产卵，而蟋蟀

G. pennsylvanicus 在秋天交尾产卵,它们几乎遇不到。瓢虫 *Epilachna* spp. 的一种寄生在荨麻上,一种寄生在大蓟上,它们的雌雄之间一般遇不到,更不能杂交产生后代。两种蝴蝶 *Colias eurytheme*、*C. philodice* 的雄性长得差不多,但前者具有特殊的性外激素。它们的雌雄之间用性外激素和紫外线相互吸引。由于长得很像,因此两种的雄性都追逐两种的雌性,但 *C. eurytheme* 的雌性只对同种的雄性特殊的性外激素和紫外线有反应,*C. philodice* 的雌性与 *C. eurytheme* 的雄性之间不会交尾(Hovanitz,1949)。美国的草地鹨 *Sturndu magna* 和 *S. neglecta* 长得极像,但叫声不同,不同种的雌雄之间用叫声相互区别和吸引(Cody,1969)。另外,从进化的角度来看,随着演化,同一物种的不同种群会在形态及基因上发生改变。如果这种改变积累到一定程度,就会跨过一个门槛,使不同物种之间产生形态或生理上的隔离而使基因不能交流。Ayala 等(1974)对此做过研究,发现亲缘关系较远的不同种群之间基因交流极少或没有。可见,在生物之间,确实存在内在的不连续性(图 4.4)。

7.2 进化显著单元物种概念

Waples(1991)认为,所有生物都是长期进化产生的,都具有重要的进化意义,都必须保护其独特基因库。但在保护生物物种时,因经费和人力资源的投入往往有限,不可能全面铺开,而只能保护相对重要的种群,如一些鱼类的不同地方种群。这些种群就可以认为是独立的物种,故提出进化显著单元物种概念(evolutionary significant unit)。这个概念中的"进化"可能主要指"进化意义"而非"进化过程"。

此概念在保护生物学上有重要意义,也具有很强的可操作性。

Waples(1991):在保护生物学或濒危生物学中,一个种群只要符合两个条件就可以认为是明确的进化显著单元或物种:①与其他种群是生殖隔离的;②是一个重要的或显著的进化遗存。

A population (or group of populations) will be considered "distinct" (and hence a "species") for purposes of the ESA (endangered species act) if it represents an evolutionarily significant unit (ESU) of the biological species. A population must satisfy two criteria to be considered an ESU: ①It must be substantially reproductively isolated from other conspecific population units, and ② It must represent an important component in the evolutionary legacy of the species.

7.3　进化物种概念

进化物种概念（evolutionary species concept）由古生物学家提出。在主要研究时间维度上物种（如无性繁殖和化石）的古生物学家看来，形态特征（广泛意义上的，包括形态、生物学等一切特征）基本都不能用，因为这些生物或化石特征很少且要依赖专家的判断（图7.2）。而在时间维度上或进化过程中，生物肯定是一段时间内的存在。因而他们希望以此为依据来定义物种。

图 7.2　化石示例
对于死亡了很久的生物只能从形态和时间维度上来识别

Simpson（1951）：一个物种就是一个世系（交配繁殖种群的祖-裔系列），它独立演化，有自己独特的、单一的进化角色和趋势，是进化的基本单元。
A species is a phyletic lineage (ancestral-descendent sequence of interbreeding populations) evolving independently of others, with its own separate and unitary evolutionary role and tendencies, is a basic unit in evolution.

Simpson（1961）：种是一个具有祖-裔关系的世系群体，有自己独特的位置和进化趋势，并与其他群体相分离。
An evolutionary species is a lineage (an ancestral-descendant sequences of populations) evolving separately from others and with its own unitary evolutionary role and tendencies.

Wiley（1978）：进化物种是与其他世系保持独立并具独特的进化趋势和历史命运的祖-裔系列。

A species is a single lineage of ancestral descendant populations of organisms which maintains its identity from other such lineages and which has its own evolutionary tendencies and historical fate.

Wiley 和 Mayden（2000）：在时空中与其他世系保持独立并具独特的进化命运和历史趋势的生物种群实体。

An evolutionary species is an entity composed of organisms that maintains its identity from other such entities through time and over space and that has its own independent evolutionary fate and historical tendencies.

在图 7.3 中，由 C 到 D，这一化石序列在形态上发生了很大的变化，可能在数量上也有显著的差异，因而根据进化物种概念，由 C 到 D 的这一序列就是具有独特的历史命运和趋势的种群，就可以看作一个物种。然而问题是，同样在图 7.3 中，由 D 到 E 这一世系的变化如果没有前者那么大，但也有变化，这一世系是否也可称为一个物种？那么判断的依据是什么呢？世系开始和结束的确定点在什么地方？在图 7.3 中，由 A 到 C 或 B 到 C 或由 A 到 B 是否都可以看作不同的物种？

需要特别指明的是，Wiley 和 Mayden（2000）声称他们所提出的进化物种概念与其他的类似概念有本质不同。即他们的概念是建立在系统发育系统学或支序系统学理论之上的，以前的其他概念只是强调进化论或世系传承。因为他们认为，根据 Hennig 的定义，物种内部个体与个体之间的关系是网状的，不可再分的；而物种与物种之间的关系却是系统发育关系，可以通过共有衍征、单系群等指标来识别，但这些指标不能应用于物种本身，识别物种本身只能从时间尺度上来进行，没有其他的办法。

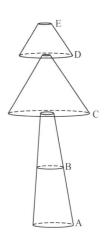

图 7.3　进化物种
概念示意

Hennig（1966）：我们认为我们力图呈现的系统发育关系是存在于种化过程之间的、血亲相承段落之间的关系。它存在于物种之间；起源于物种分裂过程。从集合的角度看，物种是系统发育关系系统中的组成单元，其他的高级分类阶元是根据种的系统发育关系来组合的。

We have defined the phylogenetic relationships we are trying
to present as those segments of the stream of genealogical rela-
tionships that lie between two processes of speciation. Thus
by definition phylogenetic relationships exist only between
species; they arise through the process of species cleavage.
The key position of the species category in the phylogenetic
system corresponds to the following: the species are, in the
sense of class theory, the elements of the phylogenetic sys-
tem. The higher categories of this system are groupings of
species according to the degree of their phylogenetic relation-
ships.

7.4　连续物种概念和时间种概念

连续物种概念（successional species concept）和时间种概念（chronospe-
cies）是进化物种概念的两个衍生概念，主要指时间段上的生物物种。由于从时
间上来看，生物的变化是逐渐的、缓慢的，因而也就是连续的（图 7.4）。

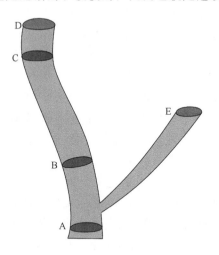

图 7.4　连续物种和时间种示意
图中任意两点之间的区断都可看作不同的物种

Simpson（1944）：在时间向度的任何两点之间，形态上不同的
生物实体都可称为物种。

Where speciation occurs over time such that at the starting and

end points of a time series, the morphs are different species.
(Wilkins，2009)

George（1956）当一个世系变化足够时，就可以认为是一个
新种。
When a lineage changes sufficiently to be given a new name.
(Wilkins，2009)

7.5   统一物种概念

de Queiroz（2007）提出，过去的物种定义太强调各自本身的特点或不同，
而不是指出所有定义的共同点。物种有多种表现形式或间断特点，如果强调区分
物种的标准，那么定义就会无穷无尽，也不能协调统一。如果着眼于物种的本质
特征或找出物种定义的共同点，即强调定义本身，则定义物种就相对容易。在此
基础上，他分析认为以往物种定义的共同点就是，物种是一个支系，是进化过程
中的一个环节，因而提出统一物种概念（unified species concept）。

de Queiroz（2007）：我认为物种基本相当于一个集合种群式的
进化支系，准确一点讲就是这样的支系片段。
The general concept to which I refer equates species with sepa-
rately evolving metapopulation lineages，or more specifically，
with segments of such lineages.

这个定义强调了物种的多种群特点，也强调了它的进化片段特征，但它似乎
与进化物种概念没有什么本质区别。

7.6   评   论

从以上的定义可以看出，基于进化论的物种概念基本认为物种是一个具有下
列特征的群体系统：①种是一个世系（lineage），一个生存于空间和时间中的群
体的祖-裔系列；②这一世系与别的世系相分离而进化；③在群体中有自己独特
的生态位；④它有自己的进化趋势，在历史过程中受进化作用的影响而改变。
这些物种概念适用于各种繁殖系统，包括无性和有性繁殖，也结合了进化
内容。
但是，如果把物种看作是一个进化中的系统，那么在时间尺度上限定一个物

种从理论上讲是不可能的。在祖-裔系列中，在任何一点沿时间追索不可能找到一个自然的分界点将一个进化世系与另一个进化世系分开。这是把物种看作一个世系带来的问题。而为了分类的目的，必须人为地将这一世系切成段落，切割的准则是不同段落形态上的差异要像现存同类生物那么大。这实际上又回到了形态学物种的概念，显得不客观和不适用。当然，人类认识或区分不同时间段上的生物尤其是化石生物时可能也只能用形态特征区分，除此之外别无他法。这可能也是人类自身的弱点所决定的。如果我们能进行时间旅行就好了。

　　同样，进化物种定义也没有提供区分不同种群的较客观的标准，是不是每个标本都具有独特的命运及进化世系和过程，它们能不能被认为是一个种？

　　再者，如果将物种认为是一个祖-裔系列，具有时间向度，而生物系统学所做的工作都是在时间断面上来认识物种的，那么两者如何协调？物种定义（不是物种）应该是没有向度的。

　　时间维度只有通过祖-裔系列才能体现和识别。如果我们要处理的是单个生物或化石标本时，如何使用时间维度？或者说如何来判断它的独特命运和趋势？

　　物种与物种之间是有间断的，每个物种都有自己独特的基因库。进化物种概念似乎强调物种时间上的延续和命运，却忽视了种与种之间的区别和间断。

　　进化过程分为生物在形态上随时间发生的变化和物种分裂为更多物种的分支进化。进化物种概念只看到了前者而明显忽视后者，或者是有意无意地混淆分支进化和前进进化。

8　强调生物学和生殖隔离的物种定义

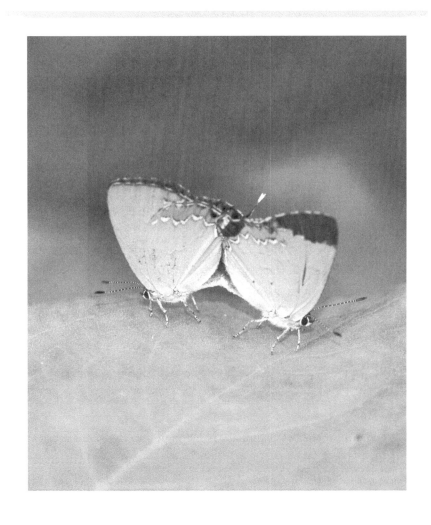

从多种形态学物种定义和进化物种概念可以看出，它们一定程度上都将物种当做主观认定的事物，或者说从这些定义中看不出物种之间客观的明显间断。而无论是一个地区的物种之间还是相距较长时间段的物种之间（如很久以前的化石和较近的化石之间）都有明显的特征上的差距。

8.1　生物学物种定义

很早以前，人类就逐渐认识到生物之间的不同和间断性，如有很多学者看到同域的生物之间在遗传学和生物学上是有间断性的，逐渐地他们希望从这方面提出物种定义。

> Ray（1686）：我深思熟虑后认为，只有繁殖这个特征可以用来区分物种。可以将源于同一植物种子的生物称为一个物种，无论它们有多大变异。
>
> After a long and considerable investigation, no surer criterion for determining species has occurred to me than the distinguishing features that perpetuate themselves in propagation from seed. Thus, no matter what variations occur in the individual or species, if they spring from the seed of one and the same plant, they are accidental variations and not such as to distinguish a species. (Mayr, 1963)
>
> Buffon（1749）：当两类动物能够交配产生后代并保持其本身的特征时，我们就可以将它们称为一个种，反之就是不同的物种。
>
> We should regard two animals as belonging to the same species if, by means of copulation, they can perpetuate themselves and preserve the likeness of the species; and we should regard them as belonging to different species if they incapable of producing progeny by the same means. (Ereshefsky, 1992)
>
> Voigt（1817）：当杂交可育且可正常繁殖时就可称为一个物种。
>
> Whatever interbreeds fertilely and reproduces is called a species. (Simpson, 1961)

Wallace（1865）：物种就是具有明确特征的地方型或族，在接触过程中，它们之间不会融合、占据不同地区、拥有不同起源、不能产生可育后代。

Species are merely those strongly marked races or local forms which, when in contact, do not intermix, and when inhabiting distinct areas are generally regarded to have had a separate origin, and to be incapable of producing a fertile hybrid offspring.（Mallet，2009）

Wallace（1895）：物种是一群这样的个体，它们因具有一系列的明确特征而与类似群体有所区别、不与最接近的类似种群共享同一生活环境、繁殖变异程度有限的同类。

A species is a group of living organisms, separated from all other such groups by a set of distinctive character (istic) s, having relations to the environment not identical with those of any other group of organisms, and having the power of continuously reproducing its like.（Kutschera，2003）

Stresemann（1919）：自然已经显示，当两型生物的生理差异达到一定程度时，即使再次接触也不能杂交产生后代，它们就达到了不同种的水平。

Forms which have reached the species level have diverged physiologically to the extent that, as proven in nature, they can come together again without interbreeding.（Mayr，1942）

Du Rietz（1930）：在（遗传）本质上与其他类似种群具有明显区分的最小自然种群。

The smallest natural populations permanently separated from each other by a distinct discontinuity in the series of biotypes.（Stuessy，2009）

　　随着种群遗传学的发展和成熟，人们更加认识到用形态特征来区分物种的主观性和不确定性，而在高等生物尤其是高等动物物种，不同种群之间在生物学、生态、地理分布以及基因上的间断是十分明显的。到 20 世纪 30～50 年代，科学家在此方面的认识已十分成熟。

Dobzhansky (1935)：种是进化进程中的一个阶段。在此阶段中，原来具有实际或潜在交配繁殖能力的型组合变成两个或更多这样的型，它们在生理上不能交配繁殖。

The species represents that stage of evolutionary divergence, at which the once actually or potentially interbreeding array of forms becomes segregated into two or more separate arrays which are physiologically incapable of interbreeding.

Dobzhansky (1937)：物种是种群系统，在自然条件下基因交流在这些系统之间因有一种或多种生殖隔离机制而受限或隔绝。

Species are systems of populations; the gene exchange between these systems is limited or prevented in nature by a reproductive isolating mechanism or perhaps by a combination of several such mechanisms. (Dobzhansky，1970)

Emerson (1938)：物种就是在遗传上间断、生殖上隔离的自然种群。

A species is a genetically distinctive, reproductively isolated, natural population. (Mayr，1940)

Timoféeff (1940)：物种就是一群在形态和生理上相似个体的集合，它们组成了最低的分类单元，邻近的集合之间在生物学上完全是独立的，在自然条件下没有杂交。

A species is a group of individuals that are morphologically and physiologically similar (although comprising a number of groups of the lowest taxonomic category) which has reached an almost complete biological isolation from similar neighboring groups of individuals inhabiting the same or adjacent territories. Under biological isolation we understand the impossibility or nonoccurrence of normal hybridization under natural conditions. (Mayr，1940)

Wright (1940)：种的内部成员之间能够自由交配繁殖以产生过渡类型种群，但种之间却很少或不能产生这样的种群。

(Species are) groups within which all subdivisions interbreed sufficiently freely to form intergrading populations wherever they come in contact, but between which there is so little interbreeding that such populations are not found. (Mayr, 1940)

Huxley (1940) 提出 4 项识别物种的标准：地理分布、自我传承、可识别、生殖隔离。
Species may be regarded as natural units in that they：①have a geographical distribution；②are self-perpetuation as groups；③are morphologically (or in some cases only physiologically)；distinguishable from related groups；④normally do not interbreed with related groups. (Cowan，1955)

Mayr (1940) 提出定义或判断物种的三个标准：形态特征、遗传间断和杂交不育。
Morphological characters，genetic distinctness，lack of hybridization.

Huxley (1943)：在多数情况下一个种群被认为是一物种需要有以下 3 项标准：①有共同起源、集中分布；②群体内部形态变异在一定范围之内；③无中间过渡类型。
Thus in most cases a group can be distinguished as a species on the basis of the following points jointly：① a geographical area consonant with a single origin；② a certain degree of constant morphological and presumedly genetic difference from related groups；③ absence of intergradation with related groups.

Emerson (1945)：物种就是进化而来或正在进化的遗传上间断、生殖上独立的自然种群。
A species is an evolved or evolving genetically distinctive, reproductively isolated, natural population. (Mayr，1996；Sokal and Crovello，1970)

Dobzhansky (1950)：生物学物种就是具有最大包容力的孟德

尔种群，后者由享有共同基因库的能杂交的有性生物个体组成。

The biological species is the largest and most inclusive Mendelian population. A Mendelian population is a reproductive community of sexual and cross-fertilizing individuals which share in a common gene pool.

Grant (1957)：物种就是一群个体的集合，它们之间能杂交产生正常后代，而集合之间因有交配隔离机制的存在而不能杂交。

A community of cross-fertilizing individuals linked together by bonds of mating and isolated reproductively from other species by barriers to mating. (Sokal and Crovello, 1970)

Grant (1963)：物种就是形态上可能存在一定不同的但频繁或偶尔杂交生产后代的最大族或其集合。

The sum total of the races that interbreed frequently or occasionally with one another, and that intergrade more or less continuously in their phenotypic characters, is the species. (Dobzhansky, 1970)

从以上这些物种概念可以明显看出，科学家们已经明确认识到物种之间是有本质不同的，它们至少在形态、繁殖、生态和遗传上是有明确间断的。这些内容为主要的生物学物种概念 (biological species concept) 的提出奠定了基础。

在所有生物学物种定义中，Mayr (1942) 的定义影响最大。

Mayr (1942)：一个物种就是一个种群集合，它们因为地理或生态原因而间断，种群之间是逐渐过渡的且在接触过程中会杂交产生后代，而种群集合 (物种) 之间因为有地理或生态的隔离存在而不能杂交，即使它们有此潜能。

A species consists of a group of populations which replace each other geographically or ecologically and of which the neighboring ones intergrade or interbreed wherever they are in contact or which are potentially capable of doing so (which one or more of the populations) in those cases where contact is prevented by geographical or ecological barriers.

此段重复了他 1940 年的定义。

> 或简言之：物种是具有实际或潜在（交配）繁殖的自然群体，
> 它们（同其他这样的群体）在生殖上是隔离的。
> Or shorter：Species are groups of actually or potentially inter-
> breeding natural populations，which are reproductively isola-
> ted from other such groups.

生物学物种概念强调了种内基因交流和个体生殖上的连续性和相通性，而不是指形态学上的相似性；另外，又强调种间生殖的间断性和不连续性（如杂种不育）。即使两个种在形态上相似，如有生殖隔离则成为不同的种。这一概念使物种作为一个客观实体存在于自然界中的事实变得较为清晰（图 8.1）。González-Forero（2009）认为该定义中的前半段（可繁殖自然群体）强调了种群的内聚力，而后半段（生殖隔离）强调了物种的独立性。

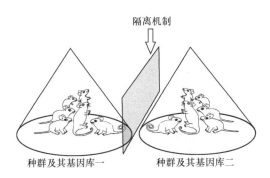

图 8.1　生物学物种概念示意

生物学物种概念强调物种是一个客观实体，是一自然单元。它将生殖隔离作为唯一客观标准，而不是其他人为识别标准，因此可以这样理解物种：杂交后是否可育是确定其分类地位的标准，如果不同群体之间交配产生可育的后代，它们必定属于同种；若后代不育，则其双亲属于不同物种。另外，生物学物种概念还强调"自然状况"，人工饲养异域分布的两个群体成员也可产生杂交可育后代，这还不是它们属于同种的凭据。真正的检验是它们在自然状态下的行为，即是否保持各自的独立性。如果在自然条件下某些群体间基因交换很少（如由于地理隔离的影响），它们就可保持其独立特性，并可遵循其独立的进化途径。按照生物学物种定义，尽管它们杂交可育，但由于基因交换很少，必然被认为是独立的种

（如地理隔离群体）。

　　这个定义的前一段（1940 年的部分）与其他学者的定义实际上差别不大，但后一段的简述可能因其简洁性或标准单一而被广泛引用，也在一定程度上引起了争论。其主要表现如下。

　　（1）它不是根据种群内在特性或自身特点，而是根据物种与其他共存物种的关系，即表现在行为上（如杂种不育）和生态上（如不进行毁灭性竞争）的关系给物种下定义。

　　（2）它将物种与物种之间间断的多重表现（如形态、遗传、生殖、生态等）归结为单一的生殖隔离标准。

　　（3）可能过分强调自然状况。这在一定程度上弱化了人工杂交实验这一重要手段的功能和作用。

　　生物学物种概念客观、简洁且具一定可操作性，因而受到广泛关注和接受，但也有许多不足，遭到不同领域许多学者的批评（Merrell，1981；Donoghue，1985；Mayr，1996）。

　　（1）批评一：生殖隔离只适用于有性繁殖生物，而对于无性繁殖生物来说，它们的后代只是其本身的克隆，且在繁殖过程中，没有两性个体或两性细胞的交流和融合，因此其无法适用，故这一概念遭到微生物学家、植物学家和对象为孤雌生殖生物的分类学家的反对。对于这一点，Mayr 本人也是承认的（Mayr，1982，2003），但他又认为，如果研究够彻底，这个问题不至于像想象的那么严重（Mayr，1992）。如何给这些生物也提出一个物种定义，至今仍是难题。

　　（2）批评二：生殖隔离指标不易用于古生物，因而也遭到古生物学家反对。对于古生物研究领域来说，大多数材料都是印模化石，至多也只是琥珀化石。对于这些死亡了数以万年计的生物来说，生殖隔离指标显然不太适用。

　　（3）批评三：生殖隔离指标无法在分类实践工作中运用。由于生殖隔离最远要牵涉到 F_2 代，因此将这一指标用在生物学分类实践中几乎不可能，也相当费时。尤其是对于生活周期相当长的生物（如海龟、竹子）、种群相当少的生物（如老虎）、生境极为隐蔽的生物（如蛇）或根本无法进行调查的生物（如鲸及其他深海鱼类）等，生殖隔离指标应用起来极为困难。因此，这一指标也在一定程度上遭到分类学家的反对。一般的生物分类过程即是这样的流程：采集标本—比较标本和文献—鉴定—命名物种。如果要逐一配对检查 100 个池塘中的鱼是否为同一物种，其工作量是极为繁重的，几乎是不可能完成的任务。而且对待诸如猛禽、深海鱼类或哺乳动物，要建立或模拟自然条件十分困难。再有，很多植物的花粉需要依靠昆虫来传递。而在人工实验条件下，这些昆虫根本无法一起模拟或饲养。

　　（4）批评四：从实用角度看，生物学物种概念没有引用形态学标准，在实践中应用有一定困难，因为形态特征与生殖隔离之间有时不是关联的。例如，果蝇

Drosophila willistoni 与另一种 *D. equinoxialis* 不能杂交，但在形态上极像，被认为是不同的姐妹种。再如马里兰栎 *Quercus marilandica* 和冬青栎 *Q. ilicifolia* 之间以及二色栎 *Q. bicolor* 和大果栎 *Q. macrocarpa* 之间，形态上虽只有细微不同，似同一种的不同地理种群，但因它们各自保持自己的特性而被作为不同的种对待。

（5）批评五：自然状况与人工实验下生殖隔离常有一定的差距。分布于美国东部的一球悬铃木 *Platanus occidentalis* 与分布于东地中海地区的三球悬铃木（法国梧桐 *P. orientalis*），尽管其人工杂交种二球悬铃木 *P. hispanica* 健壮且高度可育，但三球悬铃木和一球悬铃木除有地理隔离外，生态需求也不同，在自然条件下，基因交流极难进行，一般被认为是不同的种。中国的梓树 *Catalpa ovata* 与美国的梓树 *C. bignonioides* 生态要求差不多，长得极像也高度可育，但因生长在不同地区而在自然条件下无法杂交。这种在自然条件下几乎没有基因交流但人工条件下高度可育的种群到底是否为独立的物种？

（6）批评六：在植物中大量异源多倍体（47%的高等植物）的存在给生物学物种概念的应用造成了困难。例如，萝卜甘蓝 *Raphanobrassica* sp.（$2n = 36$）是由萝卜 *Raphanus sativus*（$2n = 18$）与甘蓝 *Brassica oleraceae*（$2n = 18$）杂交并染色体加倍后形成的。另外，小麦也是有名的多倍体植物。这种情况无法用生殖隔离来限定或解释。

（7）批评七：生殖隔离不易掌握。在本书第 3 章中所举的生殖隔离例子中，有很多生物在大多数情况下是不能杂交的，但在少数情况下也产生杂交后代。那么，生殖隔离的程度是多少？还有，有些生物之间的杂交后代中有一个性别是可育的，而另一性别的个体却是不育的。在这些情况下，它们到底是生殖隔离的还是可育的？

（8）批评八：生物是不断进化的，在某一时间横断面上，正在进化过程中的不同种群之间可能存在程度不同的可育性。Hickman（1993）报道加利福尼亚州的蝾螈 *Ensatina eschscholtzii* 由于受加利福尼亚州中部山脉隔离而分为东、西两个种群，并存在生殖隔离现象，但在南、北两端是同域的，可以杂交。杜松子 *Juniperus virginiana* 与其他三种 *J. orizontalis*、*J. scopulorum*、*J. barbadense* 之间都有不同程度的杂交现象存在。

（9）批评九：生殖隔离也会崩溃。墨西哥的红眼雀 *Pipilo erythrophthalmus* 与 *P. ocaci* 过去是存在生殖隔离的，但在近几个世纪中却不断杂交，现已变成一个种（Sibley，1950）。Burger（1975）报道美国的橡树属 *Quercus* 内不同种之间都可以杂交。麻雀 *Passer* spp. 中也存在这种现象（Mayr，1982）。

（10）批评十：生物学物种概念没有引入"进化"理论或概念。生物是不断进化的，它们也是进化的产物。在时间维度上，生物是存在于特定时间段内的生物实体。而生物学物种概念只强调时间横断面上的生殖隔离状况，似乎有所欠缺，这在古生物研究领域内显得尤其突出。

（11）批评十一：没有引人生态因素。生物是受环境制约的，也是生活于特定生境中有特定生态位的实体。而生物学物种概念只强调物种的生物学特性而忽略环境因素，这对生态学家来说有点不太适用。

（12）批评十二：雌雄生殖相融可能是祖征。例如，鸟类起源于爬行类，它们与爬行类之间（至少在进化的早期）有可能是生殖相融的，因而这一特征是祖征。因此，运用生殖隔离作为识别指标有时可能不能定义单系群。同样，组成并系群的物种之间有时也不存在生殖隔离，但并系群本身却与其他支系存在隔离机制，如果按照生物学物种概念或标准，它们就会被认为是同一个物种或单系群（Donoghue，1985）。

（13）批评十三：理论上讲，生物学物种概念强调生物的内在本质（生殖隔离），但造成生殖隔离的机制却往往是外界环境或生态因素，如地理因素或隔障等。这两方面有时不协调。在自然条件下，不同种群之间因形态、生态等原因，基因交流实际很少或没有。因而如果应用生物学物种标准，在区分隐种或地理种时极为困难（Donoghue，1985）。

（14）批评十四：分"种"（taxon）的标准与将其归入种级阶元层次（category）的标准都是生殖隔离。而支序分类学派认为（详见第9章），划分物种（或其他分类单元）的标准为共有衍征或自有新征，而归群和安排分类单元到何级阶元层次的标准为单系群，这两个方面应该分开，而生物学物种概念似乎没有做到这一点（Donoghue，1985）。

（15）批评十五：在较小范围内或判断同域分布的不同种群之间是否存在生殖隔离标准比较容易，而如果想判断不同地域分布的种群之间是否存在生殖隔离则十分困难。如果大家都只对很局限的生物种群进行研究，可能也容易产生很多类似于地方宗的"地方种"。

（16）批评十六：作为客观存在，物种与物种之间的间断或区别是全方位的，如形态、生态、基因等方面。而生物学物种只强调生殖隔离似乎有所欠缺。

> Mayr（1957）：生物学物种概念的基础就是生殖隔离所造成的间断。
>
> The essence of the biological species concept is discontinuity due to reproductive isolation. (Meier and Willmann，2000)

（17）批评十七：生殖隔离体现的是种群与种群、物种与物种之间的关系，而物种定义似乎应该强调种群本身的特点。生物学物种定义似乎有此不足。

　　(18) 批评十八：严格地讲，生殖隔离是物种保存其基因库独特性和独立性的手段和方式，而不是物种基因库或种群本身的特点。况且在有些生物，如马与驴之间有时会产生像骡的后代，说明它们在一定范围内"生殖上"是相融的，但它们在基因库或遗传上却是隔离的。所以严格地讲，生殖隔离的实质应该为遗传隔离，至少在文字上生物学物种定义不够严密。

　　(19) 批评十九：在时间维度上，生殖隔离指标无法适用。例如，我们无法用此指标来判断始祖鸟与现生鸟类是否存在生殖隔离。

　　(20) 批评二十：生殖隔离指标无法适用于单一性别的种群或样本。

　　面对多方批评，也有很多人提出过改进型的生物学物种概念。

> Mayr (1963，1969)：种是繁殖群体，动物个体之间因繁殖目的而相互识别并追逐；物种在个体更高的水平上也是生态单元，与共享同一环境的物种之间相互作用；物种还是遗传单元，拥有最大可交换的基因库，个体只是基因库中的部分基因的短暂载体。
>
> Species are reproductive communities. The individuals of a species of animals recognize each other as potential mates and seek each other for the purpose of reproduction. ⋯ the species is also an ecological unit that, regardless of the individuals composing it, interacts as a unit with other species with which it shares the environment. The species, finally, is a genetic unit consisting of a large, inter-communicating gene pool, whereas the individual is merely a temporary vessel holding a small portion of the contents of the gene pool for a short period of time.
>
> (重新回到 1940 年的定义，强调种群的多种特征或间断性)
>
> Mayr (1963)：生物学物种概念具有至少三个方面的特点：一是用间断而不是差异来定义物种；二是强调物种是个体有机集合的种群而非它们的随机组合；三是用种间关系（独立性）而非种内关系来定义。它的关键之处就是强调物种是生殖隔离的种群而非具有繁殖能力的个体。这三个方面的特点显示"物种"并非本质论中的一群物体，而是它们的抽象，它因基因库的内聚力和种间间断而客观。
>
> The biological species concept has three aspects：① species are

defined by distinctness rather than by difference; ② species consist of populations rather than of unconnected individuals; and ③ species are more unequivocally defined by their relation to non-conspecific populations ("isolation") than by the relation of conspecific individuals to each other. The decisive criterion is not the fertility of individuals but the reproductive isolation of populations. These three properties raise the species above the typological interpretation of a class of objects. The nonarbitrarincss of the biological species is the result of this internal cohesion of the gene pool and of the biological causation of the discontinuites between species.

Mayr (1969): 物种就是一个有自净能力的基因库或孟德尔种群，通过隔离机制而避免从其他类似群体得到有害基因。
A species is a protected gene pool. It is a Mendelian population which has its own devices (called isolating mechanisms) which protect it against harmful gene flow from other gene pools.
(不提生殖隔离而只提隔离机制)

Dobzhansky (1970): 物种是群体的系统，一种生殖隔离机制或几种类似机制的结合，使这些系统间的基因交流受到限制或阻止。简言之，一个物种就是一个最小的孟德尔种群。
Species are, accordingly, systems of populations; the gene exchange between these systems is limited or prevented in nature by a reproductive isolating mechanism or perhaps by a combination of several such mechanisms. In short, a species is the most inclusive Mendelian population.
(这里他提出不仅要考虑生殖隔离)

Mayr (1982): 物种是在自然界中占有独特的生态位且与其他群体在生殖上隔离的自然群体。
A reproductive community of populations (reproductively isolated from others) that occupies a specific niche in nature.
(强调生态位和生殖隔离)

Mayr（2000）：生物学物种就是具有（交配）生殖能力的自然群体，它同其他这样的群体是繁殖隔离的。也可以说，生物学物种就是在繁殖上自容的生物种群。

Biological species as groups of interbreeding natural populations that are reproductively isolated from other such groups. Alternatively, one can say that a biological species is a reproductively cohesive assemblage of populations.

（强调种群本身的特点）

有一点需要特别指出的是，Mayr（1969，1970）在新的定义中取消了"具有实际或潜在"actually or potentially 两个词，Mayr（1982，2000）对此的解释是生殖隔离或其机制本身就包含了此方面的内容。或者说，"具有潜在的繁殖能力的群体"实际上就不存在生殖隔离。

Mayr（1969，1970）：物种是具有（交配）繁殖的自然群体，它们（同其他这样的群体）在生殖上是隔离的。

Species are groups of interbreeding natural populations that are reproductively isolated from other such groups.

Mayr 和 Ashlock（1991）：物种是具有（交配）繁殖的自然群体，它们（同其他这样的群体）在生殖上是隔离的。

A species is a group of interbreeding natural populations that is reproductively isolated from other such groups. (Mayden, 1997)

Mayr 和 Ashlock（1991）：物种是在生殖上隔离的最小聚合分类单元或其组合。

A species is the least-inclusive taxon or group of taxa that is reproductively isolated from other such taxa. (Zink and McKitrick, 1995)

Mayr（1982）：实际或潜在之间的区分是不必要的，因为生殖隔离就是指存在隔离机制，它与物种在给定时刻的状态无关。

The actual vs. potential distinction is unnecessary since reproductively isolated refers to the possession of isolating mechanisms, and it is irrelevant for species status whether or not they are challenged at a given moment.

Mayr（2000）：我取消"潜在的"一词是因为我觉得能否杂交本身就包含了生殖隔离机制的内容。
I did this because I felt that the statement of interbreeding and non-interbreeding contained implicitly the information that such populations either did or did not have isolating mechanisms.

　　虽然生物学物种概念有一定的不足，但它已尽可能表现出生物类群之间的自然关系，比所有定义都更前进了一步。
　　也有人提出，严格来说，Mayr 所讲的生殖隔离应该是指"基因或遗传隔离"，因为有些生物是可以交配繁殖的（interbreeding），但却不能交换基因，如马与驴可以杂交产生骡子，但各自的基因库却保持独立。因此，他们提出了一个新的生物学物种概念。

Bock（2004）：物种是具有实际或潜在交配繁殖的自然种群，它们（同其他这样的群体）在基因上或遗传上是隔离的。
A species is a group of actually or potentially interbreeding populations which are genetically isolated in nature from other such groups.

Baker 和 Bradley（2006）：遗传物种就是在遗传上能够交配繁殖的自然种群，它们与其他这样的种群在遗传上是隔离的。
A genetic species as a group of genetically compatible interbreeding natural populations that is genetically isolated from other such groups.

　　笔者认为，Mayr（1942，1982）的定义十分简练精确，含义也很明确。如果一定要引入遗传因素，可将上述两个定义改成如下的用语。

物种：具有实际或潜在繁殖的自然群体，它们（同其他这样的群体）在基因上是隔离的。
Species are groups of actually or potentially reproducing natu-

ral populations that are genetically isolated from other such group.

物种是在自然界中占有独特的生态位且与其他群体在基因上隔离的自然群体。

A reproductive community of populations (genetically isolated from others) that occupies a specific niche in nature.

8.2 无维度物种概念

Mayr（1963）首次提出无维度物种概念或无度量物种定义（non-dimensional species concept），以后在文章中又多次提及。因为如果使用形态间断或生殖隔离，在给定的时间点上或范围内，就可以根据生物体本身的间断性来区分和定义，不需要加入时间和空间等维度或量度。而进化物种概念和系统发育物种概念或多或少都包含时间和分支点等维度。

这一概念等同于生物学物种定义和形态学物种定义。

8.3 识别物种概念

Paterson 认为生殖隔离是物种形成过程的产物而不是过程，不能混淆。生殖隔离是种与种之间的，而认识或定义物种要根据物种自身的特征，而生物学物种概念似乎就有这方面的不足。因此提出识别物种概念（recognition species concept），作为对生物学物种定义中生殖隔离概念的深化。其定义如下。

Paterson（1985）：物种是拥有共同交配识别系统的雌雄两性个体组成的最小集合。

The most inclusive population of individual biparental organisms which share a common fertilization system.

根据 Mayr（1988），其实早就有人认识到物种内部个体之间的识别系统（图 8.2）。

Plate（1914）：同一种的成员由于能够相互识别和繁殖而组合在一起。

The members of a species are tied together by the fact that

they recognize each other as belonging together and reproduce only with each other. (Mayr, 1988)

Mayr (1957)：物种是繁殖群体。同一种高等动物的成员为可能的交配和繁殖而相互识别。

Species are a reproductive community. The individuals of a species of higher animals recognize each other as potential mates and seek each other for the purpose of reproduction. (Mayr, 1988)

Mayr (1963, 1969)：种是繁殖群体，动物个体之间因繁殖目的而相互识别并追逐。

Species are reproductive communities. The individuals of a species of animals recognize each other as potential mates and seek each other for the purpose of reproduction.

图 8.2　识别物种概念示意
很多昆虫雌、雄之间的识别依靠性外激素，不同种间有明显区别

　　Paterson 注意到，在有性生物雌、雄之间往往都有复杂的相互识别机制，如颜色、舞蹈、气味、亮光等，这些识别系统在不同生物是不同的。因此根据各自不同的识别系统就可以识别出不同的物种，即用物种间各自识别同种与非同种的

特点来区别物种，而不是用人为规定的特点来识别物种间的不同。特殊交配识别系统可由形态或完全非形态的特征所构成，如听觉的、行为的等。

识别物种概念也仅可用于营有性生殖的生物体，这一点与生物学物种概念相同。Paterson 的这一物种概念实用性很强，受到以生物标本为研究材料的生物学家的赞同，但其不能有效地应用于化石物种和无性繁殖的生物。另外，有些生物雌雄之间的相互识别系统极为复杂，不同种间差别极细微，有时不易识别。还有，既然是识别系统，也就是特征，那么在判断上也有主观性的问题。更令人吃惊的是，对少数蜥蜴种类，它们是孤雌生殖的生物，但不同个体之间似乎也有追逐甚至假交配，即存在一定的识别标志。这种现象无法用识别物种概念来定义。

Mayr（1988，2000）认为，识别物种概念是生物学物种概念的细化，两者之间无本质区别。还有，"识别"似乎是较高级的大脑皮层活动，或者说是高等动物才具有的"主动的意识行为"而非本能行为，故识别物种概念似乎对原生动物、昆虫或植物等"没有意识活动的"生物都不实用。

8.4 评　　论

强调生物学或生殖隔离的物种概念，尤其是生物学物种概念是现代群体遗传学的结晶，它将生物物种在自然界的实际状况描述得十分清晰，也将作为一个生殖单元和基因库的物种强调得十分充分。然而其主要提出者 Mayr 的观点自始至终都有一定的变化（也许仅是语言文字上的），特别是他 1942 年的定义将物种与物种之间的间断简单地归纳为生殖隔离、将对生物物种本身的本质认识归结到不同物种之间的区别和间断，生物学物种定义的主要缺点（如无法判断时间维度上的不同物种）也可能正源于此，这引起了较大争议和长期争论。如果将生殖隔离作为认识物种的一个特征或物种的一个外在表现，那么生物学物种定义是有其狭隘的一面的。

9 建立在支序分类理论上的物种定义

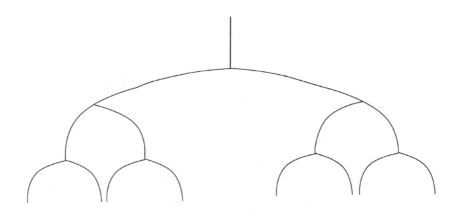

在 1950 年以前，分类学家归纳分类单元（如将种归入属中、再将属归入科中）没有严格的程序，主要依赖专家的观点和经验。他们往往要考虑分类单元之间的共同性和差异度、进化关系、生物学特征等多种标准。由于主要依赖人的主观判断，这种分类体系和方法不可避免地要带上强烈的主观色彩，不同学者之间的意见有时差别极大，分类系统也不稳定。例如，是将现生的鳄鱼与鸟类（具有类似的骨骼）归为一类还是将鳄鱼与蜥蜴等总体上"较相似的"生物归为一类争论就很大，如果再将始祖鸟考虑在内，那么这种分类系统在不同人可能意见差别非常显著。

Hennig 想要建立能切实反映系统发育关系的稳定的分类系统。那么怎么建呢？为此他提出一套支序系统学（cladistics）的原理和方法。

支序系统学认为，最能或唯一反映系统发育关系的依据是分类单元之间的血亲关系（geneological relationship），或者说是进化关系，反映不同分类单元之间确切血缘关系的本质是它们与共同祖先的相对近度，或称共祖近度（relative recency of common ancestor）。当两个分类单元共有一个不为第三者所有的祖先时，它们互为姐妹群（sister group），关系最近。

然而现生生物都是长期进化的产物，进化过程已无法再现，生物的"相对祖先"已无法辨认。因而我们必须也只能利用生物体本身所具有的特征来推导生物的系统发育关系。所以支序分类学派认为在血亲关系和祖先不明的情况下，当两个（或以上）分类单元共有一个不为第三者所有的同源特征（homology）或共有衍征（synapomorphy）时，它们的关系最近，即用共有衍征（能反映进化关系的特征）来归群（group）、用单系群（包含一个祖先及其全部后代的分类单元）来分类，相信依此办理就可以做到（图 9.1）。

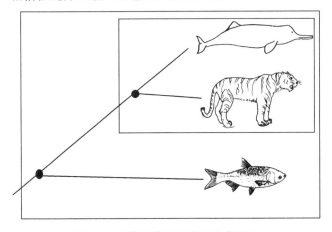

图 9.1　支序系统学的主要观点图示

图中黑点表示共有衍征，方框代表单系群

　　由此提出，在支序系统学中，物种可以从 4 个方面来理解：①在不给定维度的情况下，物种可以识别为具有生殖隔离的群体；②在时间向度上，物种可以认为存在于两次种化事件之间；③在特定时刻的空间范围内，物种可以识别为具有不同生态位（或空间分布）的群体；④祖种随着种化事件而消失。当然，这几个方面也可以综合起来考察。

　　　　Hennig (1966)：当研究人员描述一个新种时，他就提出了一个假设，即他的标本代表了一个独立的、未知的繁殖群体。

　　　　When an author describes a new species he erects a hypothesis, the hypothesis that the specimens he is describing belong to a separate, previously unknown, reproductive community.

　　　　Hennig (1950)：通过密切亲子传承关系联系到一起的具有繁殖能力的群体构成物种。

　　　　All individuals connected through tokogenetic relationships constitute a (potential) reproductive community and that such communities should be called species. (Meier and Willmann, 2000)

　　　　Hennig (1950)：当种内个体之间密切的网状亲子关系不存在时，这个物种就分裂为两个物种，其本身就不再存在，即它是其两个子种的祖种。

　　　　When some of the tokogenetic relationships among the individuals of one species cease to exist, it disintegrates into two species and ceases to exist. It is the common stem species of the two daughter species. (Meier and Willmann, 2000) (图 9.2)

　　　　Hennig (1966)：物种就是由亲子传承关系连接在一起的个体集合。

　　　　Groups of individuals that are interconnected by tokogenetic relationships are called species.

　　　　Hennig (1966)：物种可以定义为具有特定空间分布的繁殖群体，或空间上相互替代的繁殖群体。

　　　　The species would therefore be defined as a complex of spatially distributed reproductive communities, or if we call this relationship in space "vicariance" as a complex of vicarying communities of reproduction.

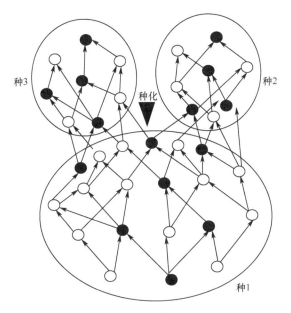

图 9.2 种群内部与种群外部不同关系图示（改自 Hennig 1966）
种群内部是亲子传承关系，种群之间是系统发育关系；图中黑点与白点分别代表
种群中的不同性别个体

Hennig（1966）：在时间向度上，作为繁殖群体的物种存在或取决于两次种化事件：它起源于首次种化过程，消失于下一次种化过程。

The limits of the species in a longitudinal section through time would consequently be determined by two processes of speciation: the one through which it arose as an independent reproductive community, and the other through which the descendant of this initial population ceased to exist as a homogeneous reproductive community.

在图 9.3 中，在 A 与 B 之间因有一次物种形成事件而产生了物种 M，故 A 与 B 就是不同的物种。同理，在 B 与 C 之间形成了物种 L，故它们也都是不同的物种。并且，B 产生于前一次物种形成事件而在后一次物种形成事件中消失。但图中的 E 与 F 之间因为没有物种形成事件，故它们是同一物种。

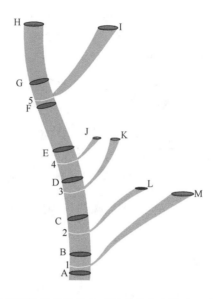

图 9.3　支序系统学派所认为的物种在时间中的存在图示（改自 Hennig，1966）

图中字母为物种代号，数字为物种形成事件代号

需要特别指出的是，Hennig 强调祖种在种化事件后就分裂为两个（或以上）子种，祖种本身就不存在了，即使子种中的某一个可能与祖种并没有什么不同。只有这样处理之后，才能平等地看待所有物种，才能将子种安排到同级阶元层次上去。如果承认祖种或祖先，那就无法达到此目的。例如，如果承认始祖鸟是所有现代鸟类的祖先，它就无法与现代鸟类一起平等地来进行支序分析，因为它们具有不同的分类地位，也不能被安排到同等级别中去。更重要的是，由于进化历程无法再现，因此无法确认现生物种之间或与化石物种之间的传承关系，即祖先一般无法识别，故在支序系统中一般不承认祖先。

从 Hennig 的原始叙述来看，他本人对物种在自然界（空间和时间上）的存在是有很深体会的，可惜他只是将这种体会分散在几个不同的定义或段落中。后来，支序分类学派的不同学者往往强调这几个方面中的一个或它们的综合，造成众多概念的提出。由于生殖隔离标准与生物学物种定义没有太大差别，因此支序分类学的物种定义主要分为两大类：一部分学者强调物种在时间上的准确存在；另一部分学者则强调物种的单系性，或者说强调物种必须是单系群。由于单系群是建立在共有衍征的基础上，因此有些学者的物种定义更强调特征的可识别性。

9.1　内节点物种概念

内节点物种概念（internodal species concept）是指上述 Hennig（1966）提

出的第二个物种概念，这一名词首先由 Nixon 和 Wheeler（1990）提出，Kornet（1993）正式使用和定义。

　　按照支序分类学原理，在时间向度上，物种随着种化事件依次形成。如果将每一次的种化事件看做进化过程中的一个节点，那么物种就存在于两个节点之内，所以称为内节点。例如，在图 9.3 中，物种 B 就存在于两次物种形成事件之间的节点（1 与 2）之间。

　　　　Hennig（1966）：两次种化或物种分裂过程是物种存在的区间。
　　　　Two successive processes of species cleavage are assumed to be the temporal delimitation of the existence of a species.

　　　　Ridley（1989）：一个物种就是存在于两次种化事件中间（或一次种化事件和一次灭绝事件之间）或是由种化事件产生的一群生物体。
　　　　A species is that set of organisms between two speciation events or between one speciation event and one extinction event, or that are descended from a speciation event.

　　　　Kornet（1993）：内节点物种：存在于两次种化事件或一次种化事件和一次物种灭绝事件之间的、通过网状亲子关系而相互连接的生物有机体集合。
　　　　Individual organisms are conspecific in virtue of their common membership of a part of the genealogical network between two permanent-splitting events or between a permanent split and a extinction event.

　　　　Samadi 和 Barberousse（2006）：物种是生命树中两个节点或分支点（如两次种化事件）之间或一个节点与一个分支终点（如灭绝事件）之间的片段。
　　　　A species is thus a branch segment of the tree of life delimited either by two nodes or branching points (i. e. by two specia-tion events) or by a node and the end of a branch (i. e. an ex-tinction event).

　　其实这一观点并不新鲜，很多人在 Hennig 之前就已认识到物种在时间维度上的存在。

> Dobzhansky（1935）：进化过程就会产生分歧点及其中间阶段，即一个原先能随机交配繁殖的种群分裂为两个或更多的种群。
> Hence, a stage must exist in the process of evolutionary divergence, at which an originally panmictic population becomes split into two or more populations that interbreed with each other no longer.

　　需要特别指出的是，与进化物种类似，内节点物种虽然也强调进化的连续性和物种存在的时间向度，但这里的物种是有明确的时间间隔的，即准确的种化事件（种化事件可由衍征推导），而进化物种往往不能定义物种存在的准确时间，只强调物种的历史趋势和命运。

　　内节点物种的定义中没有准确定义什么是内节点、如何判断内节点。另外，如果一个祖先物种没有分裂而只是演变为另一种生物时（如细菌通过突变而成为另一个物种），即没有发生种化事件时，该定义似乎就不适用。

9.2　组成物种概念

　　Kornet 和 McAllister（2005）认为，进化过程中的节点并不能很好定义，其范围或边界也不好识别，因为节点的存在是很短暂的。一个好的物种定义要能将进化过程中或系统发育中两次种化事件或一次种化过程及一次物种灭绝事件完整描述和确切反映，所以又提出组成物种概念（composite species concept）。这个定义虽然有点玄奥但基本等同于内节点物种概念。

> Kornet 和 McAllister（2005）：组成物种是由一个起始节点所传承的所有后代组成的有机体簇，但不包含其后代中类似的簇。
> A composite species is the set of all organisms belonging to an originator internodon, and all organisms belonging to any of its descendant internodons, excluding later originator internodons and their descendant internodons.

> Kornet 和 McAllister（2005）：一个节点就是一个有机体簇及与其中的有机体有任何联系的有机体复合体。

An internodon is a set of organisms such that, if it contains some organism x, it contains all organisms that have the INT relation with x, and no other organisms.

9.3　血亲物种概念

支序系统学强调系统发育关系需要依据进化关系或分类单元之间的血亲关系来重建，故这一派的学者很重视血亲关系或传承关系。两个物种或分类单元如果拥有一个最近的共同祖先，则它们的关系最近。从此出发，有一些人也试图从这一角度来定义物种，如血亲物种概念（genealogical species concept）。

> Baum 和 Donoghue（1995）：一个物种就是一个基本生物群体，它的所有成员所拥有的基因组合晚于其外部生物。
> A basal group of organisms all of whose genes coalesce more recently with each other than with those of any organism outside the group.

9.4　亨氏物种概念

亨氏物种概念（Hennigian species concept）的提出者认为，只有他们才真正体会和领悟到了 Hennig 对物种的认识，尤其是 Hennig（1950，1966）原始定义之要义或主旨，或者说他们是支序分类学派中的正统派，所以称他们的定义为亨氏物种概念。

Hennig 认为，在种群或物种内部，不同个体之间通过频繁的基因交流、种群之间通过不断的个体交换、亲代不断繁衍延续后代而形成一种非常复杂的、网状的"血脉传承关系或亲子传承关系"（tokogenetic relationship）（图 9.2）而不能再细分。而在物种水平或更上水平的分类单元都是由种化事件产生的，它们之间的关系是进化关系或"系统发育关系"（phylogenetic relationship），可由共有衍征来推断或识别。

> Hennig（1950）：我们可将（种群内）个体繁殖后代的关系称为"亲子传承关系"。
> We call such relationships "tokogenetic" that exist among individuals that are capable of producing offspring.　（Meier and Willmann，2000）

Hennig（1966）：连接种与种之间的遗传关系可称为系统发育关系。

The genetic relationships that interconnect species we will call phylogenetic relationships.

因而种化或种化事件（speciation）在 Hennig 看来十分重要。只有种化事件才能产生新物种和新类群，才能形成系统发育关系，而支序系统学就是来推断系统发育关系的而不是研究种群内部的遗传关系或传承关系。

亨氏物种概念的提出者和支持者由此认为，应将种化事件置于物种定义中，或者说物种定义应建立在种化事件上，至少要强调种化事件。而现存的生物都已经是"种化"了的物种，因此种化事件只能是历史过程，也只能在时间维度上来认识。

Eldredge 和 Cracraft（1980）：物种是一群具可识别特征的生物个体集合，个体之间的关系为亲子传承关系，而不同群体或集合之间的关系为系统发育关系。

A diagnosable cluster of individuals within which there is a parental pattern of ancestry and descent, beyond which there is not, and which exhibits a pattern of phylogenetic ancestry and descent among units of like kind.　　（Wheeler and Platnick, 2000）

Meier 和 Willmann（2000）：种是在生殖上（完全）隔离的自然种群或种群集合。它们起源于一次物种形成事件，最终灭绝或消失于下一次物种形成事件。

Species are reproductively isolated natural populations or groups of natural populations. They originate via the dissolution of the stem species in a speciation event and cease to exist either through extinction or speciation.

从 Meier 和 Willmann（2000）的文章来看，这一派的学者坚持在时间尺度上来认识物种，因为他们认为物种是进化或种化的产物。种化的标志就是形成生物隔离。而生物学物种定义中的"（自然状态下）生殖隔离"对于异域分布的种群不太好验证或不太实用，因而他们又更强调种群之间要有绝对的生殖隔离才能认为是形成了新物种。

由于这一定义中包含生殖隔离内容，因此所有对生物学物种定义的批评几乎都适用于此定义。同样，没有发生种化事件而只是形态上发生明显变化的不同时间段上的物种在此类定义中似乎都找不到地位。

9.5　系统发育物种概念（单系版）

单系群的概念在支序分类学中极为重要。单系群（monophyletic group）是指"源自一个最近共同祖先并包含该祖种及其全部后裔的类群或分类单元"，其指标为具有共有衍征（图 9.1、图 9.4）。因为只有用单系群来分类，才能建立如支序分类学派所愿的能反映进化关系的稳定的分类系统。因而，有一些学者希望在此方面提出物种定义，一般将这些定义称为系统发育物种概念（单系版）（phylogenetic species concept，monophyly version）。

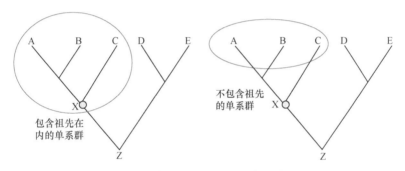

图 9.4　支序系统学所认为的单系群图解

Mishler 和 Brandon（1987）：物种是在分类中可识别的最小单系群，它们因具有"重要"特征（衍征）而被识别；它们之所以被归入种级分类阶元是因为它们是值得如此安排的最小"重要支系"，而其"重要性"体现于在特定的事件过程中产生和保持其支系的主导地位上。

A species is the least inclusive taxon recognized in a classification into organisms are grouped because of evidence of monophyly ⋯ that is ranked as a species because it is the smallest "important" lineage deemed worthy of formal recognition, where "important" refers to the action of those processes that are dominant in producing and maintaining lineages in a particular case. (Meier and Willmann，2000)

Mishler 和 Theriot（2000）：物种是在系统发育分类中可识别的最小单系群，它们因单系而归群；而它们之所以被安排在种级阶元上或被称为种，是因为它们是有足够形态证据支持的最小单系群或因为它们在生物学进程中占有重要地位。

A species is the least inclusive taxon recognized in a formal phylogenetic classification. As with all hierarchical levels of taxa in such a classification, organisms are grouped into species because of evidence of monophyly. Taxa are ranked as species rather than at some higher level because they are the smallest monophyletic groups deemed worthy of formal recognition, because of the amount of support for their monophyly and/or because of their importance in biological processes operating on the lineage in question.

这一派的物种定义之所以特别强调单系群，是因为他们觉得上述存在于种群内部的"血脉传承关系或亲子传承关系"（tokogenetic relationship）与存在于物种水平或更上水平的分类单元之间的"系统发育关系"（phylogenetic relationship）无法明晰区分或判断，生殖隔离指标也无法应用于无性繁殖的生物，故特别强调单系群在物种定义中的作用和地位。换言之，他们认为，生物在自然界的存在没有明确的种、种下和种上水平的客观区分，它们都只能依据单系群进行人为区别，而人所区分出的最小分类单元就是物种。

这一派的定义强调物种（或其他任何分类单元）都必须是单系群，并在一定程度上认为物种就是"被安排在种级分类阶元上的分类单元"，或者说在一定程度上承认物种的主观性，因而受到很多批评（详见第 13 章）。

更重要的一点是，单系群要在系统发育关系分析之后的支序图或系统发育树上才能被辨识，在此之前是无法识别某一分类单元是否是单系群的，因而此类定义也不太实用。

但此类定义可适用于所有阶元层次上的分类单元，即可应用同一或单一的单系群标准来区分种及其以上的所有分类单元，且可应用于所有生物类别。

9.6　系统发育物种概念（识别版）

由于支序分类学在推导系统发育关系时对共有衍征十分重视，或者说主要依赖于共有衍征，因而在一定程度上，只要确定了特征的祖征态和衍征态，再结合简约原则就可以寻找到相对简约或最简约的分支过程或模式，即在实际的分支过程和模式建立过程中，并未涉及进化论的任何内容。因此，如果以特征改变为前提而不是以生物进化为前提，分支过程和模式的建立基本不受影响。因此，有些学者提出，对支序分类学家来讲，特征的分支样式才是最重要的，进化论并非必需。只有了解了特征以及分类单元的分支样式之后，才能够较准确地了解进化的过程，至少是进化过程中的种化或分支过程，在这之前谈论进化论意义不大。

因而这一派的学者提出的物种定义强调特征或特征的可识别性，一般把这些物种定义称为系统发育物种概念（识别版）（phylogenetic species concept, diagnosable version），也有人称之为新系统发育物种概念（neophylogenetic species concept）（de Pinna，1999）。

> Rosen（1978）：在更实用层面上，一个物种就是一个实用分类单元，它是一个具有进化意义的、局限于某一地域的、具有独特衍征的个体集合。
> A species，in the diverse applications of this idea，is a unit of taxonomic convenience，and that the population，in the sense of a geographically constrained group of individuals with some unique apomorphous characters，is the unit of evolutionary significance.

> Rosen（1979）：一个物种也就是具有一个或多个衍征的种群或其集合；它是最小的自然生物个体集合体，分布于某一特定地域并不能再细分。
> A species is merely a population or group of populations defined by one or more apomorphous features；it is also the smallest natural aggregation of individuals with a specifiable geographic integrity that cannot be defined by any current set of analytic techniques. （Mayr，2000）

> Nelson 和 Platnick （1981）：物种是具有独特可鉴别特征、能自我传承的最小生物集合。
> Species are the smallest diagnosable cluster of self-perpetuating organisms that have unique sets of characters. （Wheeler and Platnick，2000）

> Cracraft（1983）：最小可鉴别的、具有祖-裔关系的一群个体。

A species is the smallest diagnosable cluster of individual organisms within which there is a parental pattern of ancestry and descent. (Wheeler and Platnick, 2000)

Cracraft (1987): 最小可鉴别的、具有祖-裔关系的一群个体。
An irreducible cluster of organisms, within which there is a parental pattern of ancestry and descent, and which is diagnosably distinct from other such clusters.

Cracraft (1989): 一个物种就是一个最小的或基本的、具可鉴别特征的、内部为祖-裔关系的生物群体。
A species is an irreducible (basal) cluster of organisms, diagnosably distinct from other such clusters, and within which there is a parental pattern of ancestry and descent. (Spooner et al., 2003)

Nelson 和 Platnick (1981): 物种可简单看作是具有独特性状组合、自我传承的最小生物体样本集合。
(species) simply the smallest detected samples of self perpetuating organisms that have unique sets of characters.

Nixon 和 Wheeler (1990): 系统发育物种就是可用某种特定性状组合鉴别的最小种群或无性支系的个体集合。
A phylogenetic species is the smallest aggregation of populations (sexual) or lineages (asexual) diagnosable by a unique combination of character states in comparable in individuals (semaphoronts). (Meier and Willmann, 2000)

Wheeler 和 Platnick (2000): 任何具独特性状组合的可鉴别的最小种群 (有性生物) 或支系 (无性生物)。
Smallest aggregation of (sexual) populations of (asexual) lineages diagnosable by a unique combination of character states.

这一派的学者看到以上几类物种定义的不足之处，如过分强调进化过程或生殖隔离标准，而这些标准都有缺点，尤其是历史过程无法直接观察，只能通过特征加以判断。另外，衍征或共有衍征在系统发育分析时具有重要作用，但在识别物种时它们的作用有限，物种的识别在很大程度上要依赖于物种的独征或自有新征（autopomorphic characters or autopomorphies）。另外，如果用单系群来区分物种必须首先区分出单系群，而这必须要在系统分析之后才能做出，故也有缺点或不足。所以他们不太同意或不认可其他的物种定义，尤其是生物学物种定义和其他版本的系统发育物种定义。

这一派的物种定义由于强调特征或衍征，与形态学物种定义遭遇同样的困难。这是不是又回到了形态学或模式物种的概念？另一个问题是用"人为识别特征"所定义出的物种到底是主观的还是客观的？另外，使用特征也不可避免地带来主观性的判断。例如，形态上有区分的或任何具有独征的亚种或种群就有可能识别为单独的物种。Agapow 等（2004）发现，运用系统发育物种概念时，物种数目要增加 48%。Dillon 和 Fjeldså（2005）也指出，使用系统发育物种概念所识别出的非洲鸟类种数（2098 种）要比用生物学物种概念识别出的（1572 种）多 33.5%；同样，形态上相似的隐种和姐妹种也可能因为共有衍征的缺乏而被识别为同一种。用这类定义识别出的鸟类数目比用其他方法所得到的要翻一番。极端情况下，如果某一生物雌、雄差异较大时，就有可能被识别为不同的物种。这在进化论学者和分类学家那里是不能接受的。当然，这一类定义比较实用，也适用于所有生物，且标准单一、易操作。

Denise 等（2008）报道，银叶猴（*Trachypithecus cristatus*）种团有 5 个种，形态上很相似。它们的细胞色素 b（cyt b）基因序列比对后的长度为 573bp，在 79 个变化位点中有 18 个在 5 个种中都有不同。而如果将基因序列翻译为氨基酸序列，则在 191 个氨基酸中有 14 个有变化，但只有两种中其氨基酸有所不同。如果依据系统发育物种概念（识别版）的定义，这些物种是根据氨基酸序列定义为两个种、还是根据核苷酸序列定义为 5 种？似乎它们在不同层次水平拥有不同的可识别特征。

另一个重要问题是，一个物种的不同地方种群可能有些许变化或不同的。如果用可识别的特征来区分物种，或者说将有一定特征变化或特点的种群认为是不同物种，在一定程度上就抹杀了这种变化性，也就一定程度上削弱和否定了进化。

Tattersall（2007）：如果将任何地方变形都看做种，我们就别除了各地方所发生的小进化。

If every local variant is a species, we rob microevolution of a place to occur.

9.7　最小聚合分类单元物种概念

系统发育物种概念（识别版）走到一个极端后就是"最小聚合分类单元物种概念"（least inclusive taxonomic unit concept）的提出。

> Pleijel 和 Rouse（2000）：最小聚合分类单元是就现有认识能力所能识别的具有共有衍征的最小分类单元，这并不意味着它没有内部嵌套结构，只是对此我们并不清楚。
>
> Named monophyletic groups which are identified by unique shared similarities（apomorphies）—which are at present not further subdivided ⋯ Identification of taxa as LITUs are statements about the current state of knowledge（or lack thereof）without implying that they have no internal nested structure; we simply do not know if a given LITU consists of several monophyletic groups or not.

此定义与系统发育物种概念（识别版）没有本质差别，可能更强调人的主观判断和实用性。

9.8　单体生物物种概念

在分类实践中，我们总是取一定量的生物样本而不是全部生物种群来进行研究。因而又有人试图从实际的角度来定义物种。据 de Pinna（1999），这种想法早就有人提出，他正式进行了命名和定义，称其为单体生物物种概念（individual organism species concept）。

> de Pinna（1999）：生物物种就是由标本所代表的、可鉴别的、具生活史的生物实体，它们在支序图中聚合到同一节点，但不与类似的生物分散组合。
>
> Species are here proposed as a diagnosable sample of（observed or inferred）life cycles, represented by exemplars, hypothesized to attach to the same node in a cladogram, and which are not structured into other similarly diagnosable clusters.

9.9   系统发育物种概念（单系–识别版）

系统发育物种概念（单系–识别版）（phylogenetic species concept，diagnosable and monophyly version）由 Mayden（1997）总结，实际上此版本没有人明确提出。McKitrick 和 Zink（1988）详细分析过生物学物种定义和系统发育物种定义，认为它们各自都有优、缺点，并在摘要中总结出了一个改造过的系统发育物种定义，可称为此版本的代表。很多学者在讨论物种定义时对此都有或多或少的意思表达，实际上 Hennig 的原始定义就有这方面的影子。

> McKitrick 和 Zink（1988）：分类单元就是单系的、可识别的个体集合，物种就是最小的此类分类单元。
> Taxa are monophyletic，diagnosable clusters of individuals and species are the smallest diagnosable clusters.

9.10   评   论

Hennig 从多个角度对物种进行了定义和描述，他的原始定义中包含了生殖隔离、物种形成事件、单系群以及共有衍征等多种因素，为后来的研究者提供了丰富的想象空间，但在一定程度上也造成了混乱。由此产生的众多物种定义往往只强调这些因素的某一个方面，形成观点众多的格局和多种多样的定义。

仔细分析这些定义，可以看出它们实际上都想要提供一个"识别"物种的依据而不是"定义"物种。Mayr（2000）认为它们都是在定义作为分类单元的物种而非分类阶元的物种。由此也可以看出，识别物种的方式或标准或依据可能有多个，而要想定义物种似乎要抛弃这些依据而回归到物种这一客观存在本身上来。

10 强调基因区别的物种定义

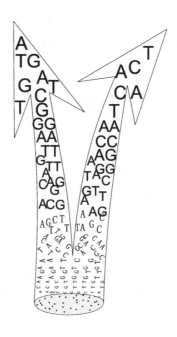

前文已述，物种定义之争议实际是在种群遗传学兴起后才日趋激烈的。而种群遗传学研究的主要内容之一就是基因频率在种群中的变化。而作为最大的种群，物种应该是有其遗传上的或者说基因上的独特性和独有性的，即每一个种群或物种有其独特的基因库，生殖隔离只是保存独特基因库的外在表现或手段（详见第 8 章）。因而，在 20 世纪早期就有一些学者希望在此方面来定义物种。而在现代分子生物学逐渐发展后，对基因在种化过程等方面的作用也有所认识，希望在此方面来定义物种的愿望更加强烈，也屡有尝试。

10.1　遗传学物种概念

早在 1918 年，Lotsy 就认识到种群在遗传上的独特性，Mayr（1942）称 Lotsy 的定义为遗传学物种概念（genetic species concept）。

> Lotsy（1918）：物种就是遗传或基因上相同的个体集合。
>
> A species is a group of genetically identical individuals.（Mayr, 1942）

与之类似的是 Dobzhansky（1950）的定义，这一定义的焦点集中在生物体本身的特征上而不是生物种群之间的关系上，如生殖隔离等。

> Dobzhansky（1950）：生物学物种就是具有最大包容力的孟德尔种群，后者由享有共同基因库的能杂交的有性生物个体组成。
>
> The biological species is the largest and most inclusive Mendelian population. A Mendelian population is a reproductive community of sexual and cross-fertilizing individuals which share in a common gene pool.

Bock（2004）等提出的生物学定义更强调"基因或遗传隔离"。

> Bock（2004）：物种是具有实际或潜在交配繁殖的自然种群，它们（同其他这样的群体）在基因上或遗传上是隔离的。
>
> A species is a group of actually or potentially interbreeding populations which are genetically isolated in nature from other such groups.

Baker 和 Bradley（2006）：遗传物种就是在遗传上能够交配繁殖的自然种群，它们与其他这样的种群在遗传上是隔离的。
A genetic species as a group of genetically compatible inter-breeding natural populations that is genetically isolated from other such groups.

上述遗传学物种概念只是变了形的生物学物种定义。真正希望在基因方面来定义物种的有基因型簇物种概念（genotypic cluster concept）和基因物种概念（genic species concept）。

10.2　基因型簇物种概念

Mallet（1995）提出，生物学定义尤其是 Mayr 的定义，将物种视为具有生殖隔离的种群不能体现物种的进化过程和物种形成过程，也没有结合种群遗传学的内容，因而提出基因型簇物种概念。

Mallet（1995）：物种就是拥有独特基因型的簇，不同簇间因有一个或多个座位的不配合而有明显间断。我们使用遗传学差异模型而非差异本身来识别基因型簇。
Two species are two identifiable genotypic clusters. These clusters are recognized by a deficit of intermediates，both at single loci（heterozygote deficits）and at multiple loci（strong correlations or disequilibria between loci）that are divergent between clusters. We use the patterns of the discrete genetic differences，rather than the discreteness itself，to reveal genotypic clusters.

此概念的主要缺点是将物种识别或定义建立在基因基础上，故在实际操作中难度很大。另外，到底有多少基因差异才能算是不同的物种呢？一个种群中的不同个体基因上也会有区别，那么到底基因差异到什么程度才算是不同物种或同一种呢？

10.3　基因物种概念

Wu（2001）提出生物学物种定义是将"生殖隔离"这一进化的副产品或结

果当作标准来区分物种，而进化的过程实际是基因频率的变化，因而似乎生物学物种定义不太理想。而现代分子水平的研究已越来越清楚地表明，一些关键基因在物种之间是不同的，但很多基因在不同物种之间是完全相同的，如老鼠的基因组就有许多与人类相同的基因。因而，这些关键基因在决定物种本质上非常重要。物种定义要建立在这一基础之上，所以提出基因物种定义（图 10.1）。Wilkins（2006a）提出的修正了的似然物种与之类似。

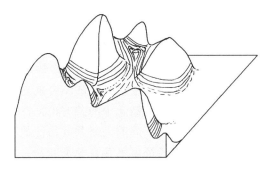

图 10.1　基因物种示意

每个物种的基因组或基因库在基部可能有相当大的共同性，但在一些
关键基因或少数重要基因上却是不同的，就像一个个基部相连的山峰

Wu（2001）：物种就是具有不同适应性的种群，即使在相互接触、直接交换或杂交的情况下也不会共享它们各自所拥有的控制这些适应性特征的基因，而基因组中的其他基因可以相同或不同。

Species are groups that are differentially adapted and，upon contact，are not able to share genes controlling these adaptive characters，by direct exchanges or through intermediate hybrid populations. These groups may or may not be differentiated elsewhere in the genome.

Wilkins（2006a）：似然物种概念可适用于所有生物，它表达了物种存在的基本事实，即基因组系统中的特定基因组合。

The basic notion of a phenomenal species，in microbes or in macrobes，is a genetic cluster in genome space，called a "quasispecies".

　　这两个定义显然混淆了基因库和基因组的概念。正如 Mayr（2001）指出的那样，种群间的不同是基因型或基因库的不同，而不是基因组的不同。基因组是个体的，一个生物个体所具有的全部基因就是基因组；基因库却是指群体的，种群所有个体所包含的基因型就是基因库。不同群体的个体相互杂交交换基因后，影响的是基因库而不是单个个体的基因组。另外，物种是种群，不是基因，更不是基因组。

10.4　血亲协调性物种概念

Avise 和 Ball（1990）认识到生物学物种概念和系统发育物种概念都有缺点，也想结合两者的长处来定义物种，故提出血亲协调性物种概念（genealogical concordance concept）。生物学物种概念建立在遗传学或生物学基础上，而系统发育物种概念建立在共有衍征的基础上，两者的结合就是遗传学上或基因上的共有衍征或特点。再者，系统发育物种概念中的共有衍征往往是形态上的，这与物种的自然属性往往不一致。例如，不同的人对共有衍征的不同认识就可能识别出不同数目的物种，而遗传学上的特征就不存在此类问题。

> Avise 和 Ball（1990）：种群的亚单元如果因有多重独立遗传（或基因）特征被明确识别并值得作为一个系统学分类单元就可认为是一个物种。
>
> ... population subdivisions concordantly identified by multiple independent genetic traits should constitute the population units worthy of recognition as phylogenetic taxa. （Mayden，1997）

此定义的原意似乎想说明，有密切系统发育关系的两个分类单元（如姐妹群）之间如果有一定的明确差异就可被识别为不同的物种。但在其定义中，如何来定义"遗传或基因"性状没有明确说明，原理上任何特征似乎都符合条件。

10.5　基 因 组 种

在微生物学研究领域内，由于这些生物的特殊性，很多学者试图从基因组差异度上来区分不同的物种，因而提出基因组种（genomospecies）的概念。

> Wayne 等（1987）：退火温度为 5℃ 或以下、DNA-DNA 相似度大于或等于 70% 的（微生物）株就可认为是同一（基因组）种。

The phylogenetic definition of a species generally would include strains with approximately 70% or greater DNA-DNA relatedness and with 5℃ or less ΔT_m. Both values must be considered. (Brenner et al., 2001)

10.6　用遗传差异来区分物种

如果知道了不同物种之间遗传或基因序列的差异度,那么就可依此来区分和衡量不同的物种。例如,假定不同物种之间的遗传差异度是5%,那么在遇到不太容易判别的情况时,就可用这个数值去衡量待定物种与其他相近种的关系,而不必去做生殖隔离实验,即通过直接比较不同样本之间的基因型或分子差异度来查看它们是否为同一物种(图10.2、图10.3)。Bradley和Baker(2001)根据4属啮齿类和7属蝙蝠等哺乳动物细胞色素b基因序列的统计分析,认为种间的遗传间隔平均为11%,小于此数字不太明确。Ball等(2005)根据蜉蝣(昆虫)细胞色素b基因序列的研究,指出种间间隔平均为18.1%。

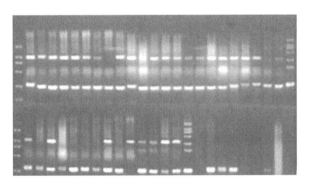

图10.2　不同物种的 DNA 在电泳图中显示出不同的条带

```
AACGTTTCCAAGGAGCGCTTTGGGCCCAATGCATGCACGTACG
AACGTTTCCAAGGAGCGCTTTGGGCCCAAAACATGCACGTACG
AACGTTTCCAAGGAGCGGTTTGGGCCCAACGCATGCACGTACG
AACGTTTCCAAGGAGCGCTTTGGGCCCAATGCATGCACGTACG
AACGTTTCCAAGGAGCGTTTTGGGCCCAATGCATGCACGTACG
AACGTTTCCAAGGAGCGCTTTGGGCCCAACCCATGCACGTACG
AACGTTTCCAAGGAGCGATTTGGGCCCAATGCATGCACGTACG
AACGTTTCCAAGGAGCGCTTTGGGCCCAATGCATGCACGTACG
```

图10.3　不同物种的 DNA 序列会有差异

如果要从分子水平来比较不同的物种，具体做法是选择性地查看不同标本不同位点的相似性，分别赋值（如相似点赋值为零，而不相似处一个赋值为正数，一个赋值为负数），然后看它们的得分高低。如果差异大，就是不同物种，差异很小就是同一物种。

这种测定基因或分子变异的方法花费昂贵，做起来十分困难，也免不了主观的判断。另外，由于形态进化速度与分子进化速度不同，以及不同分子的进化速度也不相同，这一想法在实际运用中也有许多困难。

例如，绒螯蟹属 *Eriocheir* 内先后报道过 6 种，分别为中华绒螯蟹 *E. sinensis*、日本绒螯蟹 *E. japonica*、合浦绒螯蟹 *E. hepuensis*、直额绒螯蟹 *E. recta*、台湾绒螯蟹 *E. formosa* 和狭颚绒螯蟹 *E. leptognatha*。戴爱云（1988）根据支序分析和杂交情况，提出中华绒螯蟹、日本绒螯蟹、合浦绒螯蟹为同一种的不同亚种；Chan 等（1995）又认为直额绒螯蟹为台湾绒螯蟹的同物异名；Sakai（1983）将狭颚绒螯蟹从本属移出，另建狭颚新绒螯蟹。那么它们在分子水平上的差异如何呢？

Tang 等（2003）测定了核基因 ITS 和线粒体 CO1 基因序列，发现两个基因在狭颚新绒螯蟹 *Neoeriocheir leptognatha* 与绒螯蟹属的歧义度平均为 11.5％和 15.6％，是绒螯蟹属各种歧义度的 3～5 倍（分别为 2.5％和 5.5％），而与属间歧义度类似（*CO1* 基因平均为 18.4％）。这一结果也进一步证实了狭颚新绒螯蟹的地位。

孙红英等（2003）又测定线粒体 16S rDNA 部分片段，分析不同种间的歧义度，发现直额绒螯蟹与绒螯蟹属其他分类单元之间的歧异度（平均为 5.5％±0.005％）远不及同科的厚蟹属或新绒螯蟹与绒螯蟹属其他分类单元之间的歧异度（分别为 8.5％±0.002％和 11.8％±0.002％）；狭颚新绒螯蟹与绒螯蟹属各物种之间的序列歧异（11.8％±0.002％）远大于后者相互间的序列歧异（在 6.0％以下）。

从以上分析可以看出，不同基因之间的差异度是不同的，如 ITS 和 CO1 基因在属间平均是 11.5％和 15.6％，而在种间是 2.5％和 5.5％。16S rDNA 在属间的差异度分别为 8.5％±0.002％和 11.8％±0.002％，在种间为 6.0％以下。这种情况下以哪个为准？另外，从基因差异度来看，与形态结论是吻合的，即狭颚新绒螯蟹与绒螯蟹属的区别较其他种的大。

10.7　评　　论

用基因或基因组及其差异来定义物种的最大困难可能是不同个体、不同世代、不同种群的基因都有或多或少的不同，用什么数量或标准来体现它们的间断性几乎无法说明。基因库在大多数情况下（至少对于高等生物）是可以看到明显间断的，而基因组之间的间断性似乎没有。无性繁殖的生物由一个个体形成的克隆在一定时期内其遗传组成应该说可能是很单纯的，但随着时间的推移，由于突变等因素的作用，总会发生变化。而这些变化可能从一个位点到多个位点都存在，那么变化到什么程度我们就可以说是由一个种转变成了另一个种？

11　适用于特定对象或领域的物种定义

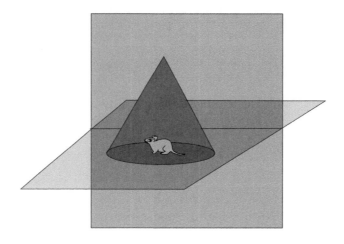

生物学物种定义不能适用于无性繁殖的生物，如微生物和一些植物等。而其他一些定义似乎或多或少都有主观认识的成分。因而如何定义这些无性繁殖的生物是一个难题。研究这些生物的学者也曾做过许多尝试，希望提出他们自己的适用于无性繁殖生物的物种定义。

由于无性繁殖的生物与有性繁殖的生物有巨大的差异，甚至有人提出它们能否称得上是物种或种群都有待讨论，故关于无性繁殖生物物种的定义基本都不适用于有性繁殖生物。

另外，在一些特殊的研究领域内，如生态学、植物学等，也有学者试图结合已有物种定义提出自己的意见。但这些定义几乎都只是修正了其他定义，没有大的创新。

11.1　无性繁殖物种概念

无性繁殖物种概念 ［agamospecies concept，agamospecies 由 agamos（无性的、单性的）＋species（种）组成］。这个概念最早由 Turesson（1922）提出。

> Turesson（1929）：无性繁殖物种就是由共同起源的、营无性繁殖的一群个体组成的，它们可通过形态学、细胞学或其他特征所识别。
>
> Agamospecies: an apomict-population the constituents of which, for morphological, cytological or other reasons, are to be considered as having a common origin. (Turrill，1946)

> Ghiselin（1984a）：物种就是一棵树上落下的树叶聚合物，它又可以形成新树。
>
> Species as heaps of leaves that have fallen off the tree that gave rise to them. (Mayden，1997)

从定义来看，这个概念只可应用于无性繁殖的植物或低等生物（图 11.1），且在实际运用时与形态学物种定义似乎没有区别，都强调特征识别。

11.2　似然物种概念

Eigen（1993）认为病毒与其他生物不同，它们似乎只有通过基因序列才能辨识，所以应该有自己的物种定义，为此提出似然物种（quasispecies）和

图 11.1　无性繁殖物种示例
培养皿中每个菌斑都是一个克隆

病毒物种（viral species）两个概念。Quasispecies 一词由 quasi（像，类似）＋ species（种）组成，表示病毒与其他高等生物物种不同。Wilkins（2006a）扩大了该概念的内涵。

> Eigen（1993）：似然物种就是病毒物种，它们是由自我传承、相互联系、多样的生物实体所组成的整体。
> Quasispecies, a viral species, we have shown, is actually a complex, self-perpetuating population of diverse, related entities that act as a whole.

> Wilkins（2006a）：似然物种概念可适用于所有生物，它表达了物种存在的基本事实，即基因组系统中的特定基因组合。
> The basic notion of a phenomenal species, in microbes or in macrobes, is a genetic cluster in genome space, called a "quasispecies".

> 国际病毒命名委员会（International Committee on Taxonomy of Viruses，ICTV，1991）：病毒物种就是一个多型的、占据一定生态位的病毒簇，它们组成一个具有自我复制能力的支系。
> A virus species is a polythetic class of viruses that constitutes a

replicating lineage and occupies a particular ecological niche.
(Gibbs and Gibbs，2006)

Gibbs 和 Gibbs（2006）：病毒物种就是一个占据一定生态位的病毒簇，它们组成一个具有自我复制能力的支系。
A virus species is a class of viruses that constitutes a replicating lineage and occupies a particular ecological niche.

对于病毒这样有时只是一段基因序列或蛋白质片段或由它们简单组合而成的生物，与单性繁殖的生物一样，定义它们非常困难，甚至它们是否算物种都有争论。

11.3　细菌物种概念

细菌是另一类无性繁殖的生物。研究此类生物的研究人员根据其特点和特殊性，也提出过细菌物种概念（bacterial species concept）以及区分不同细菌物种的标准。

Dijkshoorn 等（2000）：细菌物种是由共同起源的相似的菌株组成的。
A（bacterial）species consists of strains of common origin which are more similar to each other than they are to any other strain.

Dijkshoorn 等（2000）：脱氧核糖核酸的配对相似值低于 70% 的菌株属于不同的细菌物种。
Strains with a DNA-DNA pairing value <70% are members of different species.

Dijkshoorn 等（2000）：核糖体核糖核酸相似程度小于约 97% 的菌株一般无明显脱氧核糖核酸重连接，它们属于不同菌种。
Strains with rRNA similarity less than c. 97% generally showed no significant DNA-DNA re-association and thus belong to different species.

11.4　掠夺物种概念

Harlan 和 de Wet（1963）指出，在禾本科 Gramineae 须芒草族 Andropogo-
neae 孔颖草属 *Bothriochloa*、双花草属 *Dichanthium*、细柄草属 *Capillipedium*
中有这样的现象：这些草中有些是双倍体的，也有四倍体、六倍体甚至更多倍体
的，多倍体是从低倍体进化而来（同源多倍体）。多倍体草种的分布似乎较广，
而低倍体似乎很局限，表明前者具有更强的适应性。因此提出，这些草之间的特
征明显，应该有自己的物种定义，因而提出掠夺物种概念（compilospecies con-
cept），compilospecies 一词由 compilo（掠夺、劫掠）＋species（种）组成。

> Harden 和 de Wet（1963）：掠夺物种就是能够从具有亲缘关系
> 的生物（植物）那里掠夺或盗取遗传物质的（植物）物种，有
> 时能够引起其他生物的分解或灭绝。
> A compilospecies is genetically aggressive, plundering related
> species of their heredities, and in some cases it may completely
> assimilate a species, causing it to become extinct.

Aguilar 等（1999）通过对白花丹科 Plumbaginaceae 海石竹属 *Armeria* 55
个样本核糖体中间转录片段（internal transcribed spacer，ITS）序列的分析，发
现这一现象在这些生物中确实存在。但似乎此概念应用范围极为有限。

11.5　异源多倍体物种概念

Wagner 发现，在植物尤其是蕨类中，由不同物种杂交并染色体加倍后形成
的异源多倍体植物很多。而这些生物无法用任何物种定义来限定，因此提出异源
多倍体物种概念（nothospecies concept），以区别"正常的有性繁殖的物种"
（orthospecies）。

> Wagner（1969，1983）：杂交物种（异源多倍体物种）在本质
> 上与正常物种有所不同，其表现在至少三个方面：①它们是同
> 域分布和生殖隔离崩溃的结果而非自然选择或遗传漂变对异域
> 种群作用的结果；②它们是由不同亲本物种中的个体形成的；
> ③它们是已存在物种的更新而非创造。
> Hybrid species (nothospecies) should be recognized as qualita-

tively different from divergent species (orthospecies). Notho-species are qualitatively different because ① their origin is a consequence of a return to sympatry and the breakdown of iso-lating mechanisms, not the action of natural selection and drift on allopatric populations, ② they originate during one or more discrete episodes each involving only two individual parents, and ③ they are not novelties but combinations of previously existing entities. (Barrington et al., 1989)

11.6 生态学物种概念

生态物种概念（ecospecies concept）和生态学物种概念（ecological species concept）强调现实物种具有不同的生态位，由研究生态学的学者提出。

生态位（niche）是生态学中的一个重要概念，它由 Johnson 于 1910 年提出并使用，"同一地区不同物种可以占据环境中不同的生态位"，但他没有给生态位下定义。Grinnell（1917，1924，1928）在研究长尾鸣禽的关系时首先运用了微生境、非生物因子、资源和被捕食者等环境中的限制性因子来定义生态位，即"恰被一个物种或亚种所占据的最终的生态单元"，在这个最终的生态单元中，每个物种的生态位因其结构和功能上的界限而得以保持，即在同一动物区系中定居的两个物种不可能具有完全相同的生态位。这个定义强调的是物种空间分布的意义，因此被称为"空间生态位"（spatial niche）。Elton（1927）对生态位定义为"一种动物的生态位表明它在生物环境中的地位及其与食物和天敌的关系"。他将动物的种群大小和取食习性视为其生态位的主要成分，同时还建议生态位的研究应聚集在一个物种在群落中的"角色"（role）或"作用"（function）上。由于他定义生态位的重点在于功能关系，故后人称其为"功能生态位"（functional niche）或"营养生态位"（trophic niche）。Hutchinson（1957）引入数学理论，把生态位描述为一个生物生存条件的总集合体，并且根据生物的忍受法则，用坐标表示影响物种的环境变量，建立了生态位的多维超体积（n-dimensional hyper-volume niche）模式，它不仅包括了原来的物理分布空间，而且还包括温度、湿度、pH 等衡量其栖息地的其他一些指标。

在现代，一般将生态位理解为物种或种群在生物群落或生态系统中的地位和角色（图 11.2）。因为生态学家对生殖隔离、形态特征等不太感兴趣，他们关注的重点是生物种群或物种在群落或生态系统中的地位和作用，因而已有物种定义对他们几乎没有用处。

图 11.2　生态位（物种在群落中的作用和地位角色）示意

Turesson（1929）：生态物种就是自然中营两性繁殖的生物群体，群体内可产生正常可育的后代，而群体间却只能产生部分正常可育后代。

Ecospecies：an amphimictic-population the constituents of which in nature produce vital and fertile descendents with each other giving rise to less vital or more or less sterile descendants in nature.（Turrill，1946）

此定义相当于生物学物种概念，但可能只针对某一地域种群。真正的生态学定义有如下两个。

van Valen（1976）：生态学物种是占据特定适应区的支系或支系组合，它们与同一适应区的其他支系具有最小的区别（占据不同的生态位）且独立进化。

A species is a lineage（or a closely related set of lineages）which occupies an adaptive zone minimally different from that of any other lineage in its range and which evolves separately from all lineages outside its range.

Mayr（1982）：物种是在自然界中占有独特的生态位且与其他
群体在生殖上隔离的自然群体。

A reproductive community of populations（reproductively iso-
lated from others）that occupies a specific niche in nature.

Mayr 不承认他的定义是生态学物种定义，但这个定义中有明确的生态位信息，暂放于此。

用生态位来定义物种比较适用于生态学领域，也部分揭示出物种之间的间断性。但生态位研究十分困难和费时，故这一定义在实际应用上有一定的困难。另外，在较小范围内，同域的物种之间生态位有时几乎不能区别，如夏威夷群岛上的果蝇有好几百种，它们的生态位重叠很大。还有，同一物种的不同种群（指无生殖隔离的种群）在不同地方可能有不同的生态位，有时不同性别的个体其生态位也有区别。例如，雄孔雀因为尾长，飞行能力不强，而雌孔雀却能很好地飞行，是否也将它们视为不同物种？

11.7　近　群　种

Turesson 还提出过一个近群种的概念（coenospecies）。他先将不同生物种群区分出生态型（ecotype），多个生态型就构成了生态种（ecospecies），比生态种更大的概念就是近群种。

Turesson（1929）：近群种：由形态学、细胞学和实验证明了的、有共同起源的种群复合体，种群间（在自然状况下）可能可育或不育。

Coenospecies：a population-complex the constituents of which group themselves in nature in species units of lower magnitude on account of vitality and sterility limits having all，however，a common origin so far as morphological，cytological or experimental facts indicate such an origin.（Turrill，1946）

（此定义基本相当于生物学物种概念）

11.8　生殖竞争物种概念

生殖竞争物种概念（reproductive competition concept）由 Ghiselin（1974）提出。他指出，在自然条件下，无论是种群内部或种群之间都存在激烈的竞争，尤其是为了繁殖、传承基因而进行的竞争。故一个物种就相当于社会中的一个企业，要想成功必须进行竞争（图 11.3），因此提出此概念。

图 11.3　生殖竞争示意
蝴蝶为争夺交配权和繁殖权而竞争

Ghiselin (1974)：在自然经济学中，物种可看作生殖竞争的最大单元。

Species are the most extensive units in the natural economy such that reproductive competition occurs among their parts.

这一概念突出显示了"物种"这一分类单元的特性而非分类阶元的特性。问题是，这似乎描述或比喻多于定义，也没有提供具体的区分物种的标准，其在生态学研究中也许有一定用处。

11.9　评　　论

适用于特定对象或特定领域的物种定义或物种概念由于其适用范围狭窄、对象有限、领域特定，因而引起的关注不多、争论不大。这些概念的最大问题就是不能适用于全部或多数生物物种，因而其局限性是明显的。再者，这些定义与形态学定义一样，可能都存在强调主观性和操作性的一面，而理论性略显不足。但无论如何，它们从多个角度和新的视野审视了多样的物种，扩大了我们的认识，尤其是对物种客观性的认识。其中，生态学物种概念突出并强调了生物物种在生态位上的间断性或隔离性，也为我们认识物种的客观性提供了新的标准。当然，这些特定的物种概念在特定的领域内，其接受程度是比较大的。例如，生态学物种定义在生态学领域内、杂交物种定义在植物学领域内受到广泛应用。

12　调和性的物种定义

　　前文所介绍的每个物种概念都有优点，也都有缺陷。因此，也有学者希望提出新的物种概念来综合它们的长处，尽管他们可能承认或不承认。笔者暂称它们为调和性的物种定义（compromising species concept）。

　　　　Mayr（1982）：物种是在自然界中占有独特的生态位且与其他群体在生殖上隔离的自然繁殖群体。

　　　　A reproductive community of populations (reproductively isolated from others) that occupies a specific niche in nature.

　　　　（强调生态位和生殖隔离）

　　这一定义强调生物隔离和生态位两个指标，而不仅是其中一个指标。但不知道为什么，Mayr 本人只提到过这个定义一次，以后就没有再用过。而在其他各派看来，这一定义是生物学物种定义的又一翻版，也是 Mayr 一直更改定义的又一新例证。

　　Meier 和 Willmann（2000）一再强调他们的定义是继承了 Hennig 的衣钵，是最正统的系统发育物种定义。

　　　　Meier 和 Willmann（2000）：物种就是生殖上（完全）隔离的不同自然种群或其集合，它们起源于一次种化事件而消失于另一次或绝灭。

　　　　Species are reproductively isolated natural populations or groups of natural populations. They originate via the dissolution of the stem species in a speciation event and cease to exist either through extinction or speciation.

　　这一定义将空间与时间两个维度综合在一个定义中，似乎较其他定义前进了一步。但其中包含生殖隔离的内容，也遭到不少批评（详见第 13 章）。还有，Meier 和 Willmann 强调物种定义中要突出显示种化过程而不是空间和时间等多维度的综合。

　　Blackwelder（1967）将生殖与形态两个物种识别指标结合在他的物种定义中。

　　　　Blackwelder（1967）：物种就是由有共同特征或能够共同繁殖后代的个体组成的。

　　　　The only kind of species that can be defined is the group of individuals, either those sharing certain attributes or those that can interbreed.

12.1 "三单元论"物种概念

陈世骧(1978,1987)结合哲学、进化论和生物学理论以及 Mayr(1982)的生物学物种概念,提出过自己的物种概念,笔者暂称其为"三单元论"物种概念(three units species concept),见图 12.1。

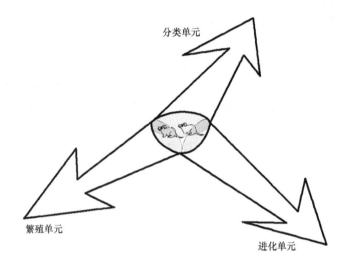

图 12.1 "三单元论"物种定义示意图

> 陈世骧(1978):物种是繁殖单元,由又连续又间断的居群所组成;物种是进化单元,是生物系统线上的基本环节,是分类的基本单元。

> 陈世骧(1987):物种是由居群所组成的生殖单元(和其他单元生殖上隔离着),在自然界占有一定的生境,在宗谱线上代表一定的分支。

> 陈世骧(1987):物种是生殖单元,由又连续又间断的居群所组成;物种是进化单元,是生物系统线上的基本环节,是分类的基本单元。

这一定义中的"居群"等同于"种群"。它综合了多个物种概念,突出了物种之间既间断又连续、变又不变的实际状态，也综合了多家观点和多种定义，且考虑到了多种用途。但似乎描述多于定义，实际是一种调和，也没有提出区分或判断物种的标准，似乎不太实用。更重要的是，如果将物种看做分类单元，实际在一定程度上混淆了"物种定义"与"物种阶元"以及具体的生物物种实体（即分类单元）之间的区别。

另外，从生物学物种定义所强调的生殖隔离机制可以看出，物种是客观存在的。对于高等生物而言，不同物种之间在生殖上、遗传上（或基因上）以及生态位上是不同的，或者说是有间断的（Bock，2004）。其实，Mayr（1969）就提出，一个物种的所有成员形成一个繁殖群体（reproductive community）、生态单元（ecological unit）和遗传单元（genetic unit）。White（1978）也提出过物种的三个特征。

> White（1978）：物种就是在给定时间内的一个繁殖群体、一个基因库和一个遗传系统。
>
> Species is at the same time a reproductive community, a gene pool, and a genetic system. (Ereshefsky，1992)

12.2　进化生物学物种概念

Nelson（1999）在讨论鱼类物种概念时，提出一个进化生物学物种概念（evolutionary biological species concept），试图综合客观性原则、生物学物种定义和进化物种定义的优点。

> Nelson（1999）：物种是在自然条件下实际或潜在生殖隔离的繁殖种群，它们是不连续的、不可回复的进化支系。
>
> Species-groups of interbreeding populations that under natural conditions are reproductively isolated, or at least potentially so, from other such groups and as such are evolutionary lineages separated by irreversible discontinuities.

12.3　内聚物种概念

生物学物种概念只强调种内基因的聚合力和种间的隔离性，没有考虑其他因素。Templeton（1989）强调，生物学物种概念所强调的生殖隔离标准或现象是物种形成的副产品而非种化过程本身，似乎有所欠缺。还有，生物学物种定义强调物种之间的间断而非物种本身，似乎也不好。再有，在自然界中，具有不同形态、进化过程、生态位甚至遗传特征的物种之间也会或多或少地有杂交情况存在。另外，他也认为进化物种概念和识别物种概念都没有包含种化过程，也没有引入遗传学内容，似乎都有所欠缺。故结合这几个方面或者说综合这些定义的优点而提出内聚物种概念（cohesion species concept）（图12.2）。

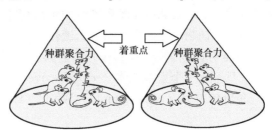

图 12.2　内聚物种概念强调物种或种群自身的内聚性

Templeton（1989）：内聚物种就是因拥有本质聚合机制而在形态上内聚的最大个体集合。

The cohesion concept species is the most inclusive population of individuals having the potential for phenotypic cohesion through intrinsic cohesion mechanisms.（Ereshefsky，1992）

Templeton（1989）：物种就是一个进化支系，它的种群边界因基因流动、自然选择和遗传漂变等小进化力量作用机制而保持。

The cohesion concept of species defines a species as an evolutionary lineage through the mechanisms that limit the populational boundaries for the action of such basic micro-evolutionary forces as gene flow，natural selection，and genetic drift.（Ereshefsky，1992）

Templeton（1989）：物种是拥有潜在基因交换能力和（或）个体交换能力的最大聚合群体。

The most inclusive group of organisms having the potential for genetic and/or demographic exchangeability.（Ereshefsky，1992）

Templeton（1989）：种化是内聚机制的获得而非独立机制。

Speciation is now regarded as the evolution of cohesion mechanisms (as opposed to isolation mechanisms).（Ereshefsky，1992）

Templeton（1989）：种化就是种群内部形成一种新内聚机制的
遗传系统的过程。

Speciation is the process by which new genetic systems of cohesion
mechanisms evolve within a population.(Ereshefsky，1992)

Templeton（1989）：种化就是改变基因交换能力和个体交换能
力而使种群内部形成一种新内聚机制的遗传学同化过程。

Speciation is the genetic assimilation of altered patterns of ge-
netic and demographic exchangeability into intrinsic cohesion
mechanisms.(Ereshefsky，1992)

这一物种概念比较强调物种的内聚机制。那么什么是内聚机制？Templeton
（1989）提供了一个与生殖隔离机制类似分类的表格，详细展示了物种的内聚机制
（表 12.1）。

表 12.1 物种的内聚机制分类（改自 Templeton，1989）

Ⅰ. 基因交换能力：影响新的型（variants）通过基因流动而扩散的因素
　　A. 通过基因流动而使基因一致的驱动机制
　　　　1. 受精系统：生物体能够交换配子且它们能受精
　　　　2. 发育系统：受精卵能够发育成熟、能繁殖、有变异的个体
　　B. 隔离机制：不同种群之间没有基因流动而使种群基因保持一致性
Ⅱ. 个体交换能力：影响基础生态位和新的型通过遗传漂变和自然选择而扩散的因素
　　A. 取代能力：遗传漂变（来自共同祖先）使本种群的基因一致
　　B. 替换能力
　　　　1. 选择固定：自然选择对特定型的稳定保持作用
　　　　2. 适应转换：自然选择对那些可改变个体交换能力的适应特征的稳定保持作用

也许可以这样理解：基因交换能力就是在种内，基因库是独特的，不会因为
与其他种有基因流动或遗传漂变而改变其本质；个体交换能力就是由个体组成的
生物种群因生态因素和自然选择的作用而不会改变其组成，即使有部分个体在种
群间交流。Maan 等（2006）发现，在维多利亚湖中的两种丽鱼 *Pundamilia
nyererei* 和 *P. pundamilia* 的雌、雄之间用色彩和视觉相互识别，适应于不同的
水生小环境。它们之间也有部分基因交流，但由于生态因素和自然选择对视觉和
色彩的强烈作用，它们仍保存各自的本质和基因库，即使视觉和色彩方面的突变
也不会对其有影响。

内聚物种概念不仅强调生殖隔离，而且将生态因素（即个体交换能力）考虑

在内，似乎比生物学物种概念包含了较多的内容。然而，它试图综合生物学物种概念、进化物种概念和识别物种概念的长处，却流于形式而没有提出具体的标准，在实际操作中最终可能仍与形态学物种概念或识别物种概念有类似的弊端。似乎它虽然强调物种本质和保持其本质的机制，但却没有说明物种的本质到底是什么。从机制上看，如果允许不同种群之间有基因和个体交换，那么这种交换的程度和规模可以是多大呢？还有，在内聚物种概念中被看做内聚作用力量的自然选择、遗传漂变和基因流动却是种群遗传学中物种形成和分化的力量，而非聚合力。

12.4　全面生物学物种概念

Johnson 等（1999）提出一个包罗万象的物种概念，试图综合所有物种概念的优点而成为鸟类学中集大成的物种定义，他们称之为全面生物学物种概念（comprehensive biological species concept）。

> Johnson 等（1999）：一种鸟就是一个种群系统，它代表了一个本质上单系的、遗传上内聚的、血缘上融合的个体组合，在时空中拥有共同的繁殖体系，表现出独立的进化轨迹和完全彻底但并非必须的生殖隔离。
>
> An avian species is a system of populations representing an essentially monophyletic, genetically cohesive, and genealogically concordant lineage of individuals that share a common fertilization system through time and space, represent an independent evolutionary trajectory, and demonstrate essential but not necessarily complete reproductive isolation from other such systems.

12.5　评　　论

调和性的物种定义都看到用单一标准来区分物种似乎都不完美，因为生物物种之间的间断性或生物物种本身特性的外在表现是多方面的，因而都试图从多方面来定义物种，如形态与生物学的结合、生态位与生殖隔离的结合、进化过程与遗传特性的结合、生物体本质与外在间断性的结合等。然而这些定义大多因其提出者都是其他定义的坚定拥护者，而在一定程度上被忽视和等同视之，也或其本身描述多于定义等原因未能引起较多关注。更为重要的是，可能也正因为这些定义存在多个标准，在一定程度上它们之间又无法协调统一，故也不能自圆其说而遭到多方批评。从这方面看，似乎用整合性的标准来定义物种也不可行。

13　主要物种定义之间的争论焦点

历史上，不同物种定义之间的争论或论战十分激烈，如生物学物种定义与形态物种定义以及唯名论物种定义之间的争论。在现代的多种物种定义中，主要有三类物种定义之间的争论最大，它们分别为生物学物种定义（代表人物为Mayr）、进化物种定义（代表人物有 Simpson、Wiley）、系统发育物种定义（代表人物为 Hennig、Rosen）及其不同版本。其他大多数的物种定义在某种程度上都可归入它们其中的某一类。可以说，这三类物种定义之间的争论和争辩构成了物种定义争论的主体，尽管也有一些其他定义骚扰性地参与进来讨论。仔细分析和思量这些不同定义本身及其背后的理论基础、流派归属、解释辩白以及应用范围，可以看出它们之间的争论是十分激烈的、区别或鸿沟也是十分巨大的。概括起来考察，它们之间的争论可能有以下一些方面。当然由于它们争论的焦点或不同方面的争论往往纠结在一起，要明晰区分它们十分困难。有些争论点实际是他们对同一问题不同看法的不同表现而已。

13.1　物种的客观性与主观性

对于物种到底是客观存在还是主观概念这一问题争论极大。尤其是在达尔文提出进化论后，生物学家普遍认识到或了解到渐变理论，因而一般认为物种只是主观规定的。

> Darwin（1859）：种就像属一样，就是为了方便而人为设定的。
> In short, we shall have to treat species in the same manner as those naturalists treat genera, who admit that genera are merely artificial combinations made for convenience. （Mallet, 1995）

> Darwin（1859）：变种与种是一样的，它们并不能被严格区分，除非：①找到它们之间的中间过渡类型；②变种之间的区别足够大；③如果证据不足而作暂时的安排。
> Varieties have the same general characters as species, for they cannot be distinguished from species,… except, firstly, by the discovery of intermediate linking forms … ; and except, secondly, by a certain amount of difference, for two forms, if differing very little, are generally ranked as varieties. （Mallet, 1995）

在现代，持类似观点的为系统发育物种概念（识别版和单系版）和进化物种概念，至少在实际操作过程中他们是这么来做的，即将形态上类似的或具有某一个或某一些"重要"特征的个体看做一个物种，而将形态上有明显间断的认为是不同的物种。系统发育物种概念（单系版）则坚持认为物种只是一个最小的单系群，它们之所以被称作物种完全是因为它们"被安排到了种级阶元层次上"。换言之，物种的识别和安排完全是人为的。而生物学物种定义及其相关定义则强调物种是客观的，人们只能去认识它而不能规定它（图 13.1）。

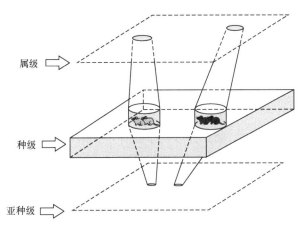

图 13.1　物种的客观性与主观性示意图

生物学物种定义强调在种的水平上物种是客观的，至于不同物种之间的差异程度是
达到了属级或更高层次或只是亚种水平则取决于人的主观认识水平

13.2　物种定义的主观性与客观性

生物学物种概念始终坚持物种是客观存在于自然界的，它的客观性体现在生殖隔离这一生物学特性上，而这一特性是生物体本身所具有的，不是人为强加于它们的。因而人类定义物种（分类阶元）或区分具体的作为分类单元的物种要根据生物本身所固有的客观特性来进行，而不能设定人为标准。而其他各派提出或强调，由于生物都是进化而来的，无论是从时间维度还是从空间向度来看，生物物种都是进化过程中的一个环节，物种与物种之间的变化是逐渐的、缓慢的，如生殖隔离一般只明显存在于同域的物种之间，分布于不同地域的类似种群之间或多或少都有一定的基因交流，即生殖隔离不完善本身就说明了物种进化的事实。因而，也许生物物种是客观存在的，但它的存在却体现在多个方面，而这些都要依赖人的主观认识和识别，即物种本身可能是客观存在，但区分它们的标准往往是或可以是主观的。这一点在进化物种概念中体现得最明显，它们虽然强调生物

物种的进化单元特征，但在实际区分时都是用特征这一主观认识，且不同物种之间的间断更是完全主观的。

13.3　物种定义是适用于部分生物还是全部生物

大多数学者都坚持认为，物种定义要适用于全部生物实体，至少要力求做到这一点。即生物学需要一个统一的、终结的、普遍接受、适用范围广泛的物种定义。而多数物种定义却没有做到这一点。例如，生物学物种定义比较适用于高等动物（如鸟类和哺乳动物），对于单性繁殖或孤雌生殖的生物就不适用。鉴于此，进化物种定义和多数系统发育物种定义都坚持认为只有它们的定义才是好的，至少它们可以适用于单性繁殖和两性繁殖的生物。而生物学物种定义承认它们的定义只适用于部分生物，但指出还没有看到一个定义可以适用于全部生物。例如，进化物种定义将生物物种视为有特定历史命运和祖裔传承的世系，而严格来讲，似乎每个生物个体都适用于这一定义，更不要说物种了。如果用特

图 13.2　无性繁殖生物示例
水螅通过出芽方式产生后代，不同个体之间没有交流

征或其组合来定义物种，如形态学物种定义和一些系统发育物种定义（识别版），也存在同样的问题。在性别差异很大或具有不同型的生物物种中，不同性别或不同型如果用形态特征来识别就可能被认为是不同的物种，即这些定义在很多情况下并不适用于有两性分异的生物，而可能只适用于形态很单一的生物类群，这样的生物在自然界十分稀少，在高等生物更不多见，因而这些定义的适用范围其实也不广。生物学物种定义和亨氏物种定义更进一步指出，对于无性繁殖的生物（图 13.2），它们存不存在"物种"或"种群"这一事实需要讨论或重新认识。因为它们中的任何一个个体都是独立的且可形成一个支系，个体与个体之间根本没有任何交流和联系。它们与高等有性生物有本质的区别，因而对于它们需要一个另外的全新的物种定义，他们的物种定义不适用于单性繁殖的生物并不需要大惊小怪。

13.4　物种是分类单元还是分类阶元

Mayr 在很多文章中都强调，几乎只有他的生物学物种定义才是定义"作为分类阶元的物种"的，而其他所有定义都是用来区分作为分类单元的物种的，因

而不值一驳。作为分类阶元的"种"是对所有"作为分类单元的物种"的概括，是一个复数的概念，而作为分类单元的物种都是单数的，它们之间有本质区别。而其他各派都愤怒地指出，Mayr 在这一点上完全是玩文字游戏。自然界并不存在"分类单元"（taxon）或"分类阶元"（category），它们都是人为规定的概念，都是为了方便分类的实践提出的。自然界只存在作为"物种"的生物实体，如人、长颈鹿、大象等，而对它们是称为一个"种"（species）或其他一个什么名称，如"亚种"（subspecies）或"型"（varies）或"宗"（race）都是人为规定的。至于分类阶元更是从林奈才开始使用和沿袭下来的，完全是人规定的层次名称或等级系统。由于人类的天性使然或凑巧才将最小的分类单元和最低的分类阶元都称为种，我们完全可以人为地改变这些名称，如在数值分类学中，最小的分类单元称为"分类操作单元"（operational taxonomic unit，OTU），而在支序分类学中，在基本分类阶元上也可以人为地加上很多不同的层次，甚至可以完全用数字或代号来代替原有的分类阶元。他们甚至提出正是由于最小分类单元和最低分类阶元都称为种，才使 Mayr 本人产生了理解错乱而提出它们之间的异同和区别或争论点的。而 Mayr 等争辩道，物种这一分类阶元与分类单元之所以都称为种而不是别的，是由物种的客观性决定的，而不是人为决定的，因为物种是生物在自然界存在的最小单元。因而物种定义实际就是提出或规定物种之所以成为物种的原因或理由。如果用人为标准（如特征、单系性等）去定义或区分物种，实际是在提出区分不同具体实际物种（分类单元）之间的区别而不是定义作为分类阶元的物种。其他各派则提出，区分不同物种的标准就是物种定义。

13.5　种级阶元标准

用什么标准将具体的分类单元安排到种级阶元层次上去？系统发育物种概念（单系版）认为物种只是一个最小的单系群，它们之所以被称为物种完全是因为它们"被安排到了种级阶元层次上"，或者说是因为它们"恰巧"是最小的单系群罢了。系统发育物种概念（识别版）也认为具体的分类单元之所以称为种是因为它们是"最小的具独特性状的个体集合"。换言之，他们对种级阶元的安排完全是主观的，甚至任意的。例如，在先前的单系群或"最小的个体集合"中又发现更小的单系群或独特的个体集合，那么原先的群体及其姐妹群就不是"物种"了，或者说它们要被安排到更高的阶元层次上去。

生物学物种定义及相关定义认为，如果用生殖隔离这一客观标准来定义物种或归群物种（即将具体的生物实体安排到种级阶元上）就不存在这种任意的主观安排，就将物种这一"客观"分类阶元建立在坚固的客观性基础之上了。但物种阶元本身是客观存在的还是由人主观设定的呢？

13.6 时间与空间

生物学物种定义用生殖隔离这个单一标准来区分物种，Mayr 认为他的定义是无维度的，即它适用于特定时刻和特定地域，或所有时间或所有地域。物种定义中不必有也不能有时间和空间这些维度指标，因为这些指标都是来认识作为分类单元的物种的而不是定义作为分类阶元的物种的，分类阶元当然是无维度的。而其他各派都认为，物种定义就是要提出区分不同物种（分类单元）之间的标准，由于物种是特定时间和空间中的客观实体，因而物种标准必须包含这些指标。还有，物种是随时间和空间的不断变化而不断进化产生的，或者说物种就是时间和空间变化的产物，它们都只是一段时间内的客观存在，也往往分布于特定的空间中。例如，进化物种定义就强调生物在时间维度上的存在和识别，系统发育物种定义比较强调空间，生态学物种定义就十分强调生态位等。基于此，它们反对生物学物种定义的一个理由是，生物学物种定义既不适用于异域分布的种群（不太好人工实验，即使能做也不太能说明在自然条件下生殖隔离是否存在），也不适用于不同时间段上的种群，历史种群与现实种群之间的生殖隔离实验或判断更无法进行。然而这些定义的缺点是：正是由于它们都强调时间或空间维度中的某一个而造成多种定义的产生，况且由于判断时间或空间或生态位的间断性时不可避免地要依赖人的主观认识，在一定程度上造成了这些定义的人为性和主观性，甚至混乱性。

13.7 瞬间与长期

按照 Hennig 的说法，物种内部个体之间的关系是亲子传承关系或祖裔关系，这种关系是长期存在的，至少存在于物种存在的这段时期内。物种之间的关系是系统发育关系或亲缘关系，它是瞬间产生的，即产生于种化之际。由此，从时间角度来定义物种的物种概念［如亨氏物种定义和系统发育物种定义（单系版）］提出，物种只能从时间角度或时间的纵向上来识别，任何其他的瞬间指标（如生殖隔离）都不能用或单独使用，因为它们无法准确描述出物种在时间维度上的准确存在。

而生物学物种定义和一些其他定义［如系统发育物种定义（识别版）］认为，在时间的维度上来识别物种不可避免是主观的，因为区分不同时期的物种除了主观认识外没有别的办法。

Mayr（2000）：无论采用什么样的物种概念，对异域（分布于

不同地域）或异时（不同时间段上）物种的判断都是主观的或
推测性的。

No matter what species concept is adopted, the species status
of allopatric (and allochronic) populations can be determined
only by inference or by subjective criteria.

　　例如，在只有始祖鸟和麻雀的情况下，无论是谁都无法提供客观的标准来认
为它们是否为同一物种。另外，人类对世界的认识都是在时间横断面上进行的，
当然需要用有效的瞬间指标。还有，从时间角度提出的物种定义只提供了时间纵
轴上的物种存在标准，对于某一特定时刻的物种在自然界的存在状态缺乏描述或
定义。

13.8　物种的时间边界

　　从时间维度和进化过程来看，具体的生物物种应该是一定历史阶段的客观存
在。假如在此角度来定义或认识物种，应该或必须提出区分不同物种之间明确的
间断点，即要指明物种在时间上的边界。生物学物种定义认为，无论是在空间或
时间上，物种与物种之间的间断点就是生殖隔离产生的时刻；而亨氏物种定义认
为物种形成和灭绝的时间点是种化的时刻，即新物种产生的同时，祖种灭绝；系
统发育物种定义（识别版和单系版）所指明的物种形成的具体时刻是衍征或单系
群的形成时刻；进化物种定义似乎没有提供在时间上如何来间断物种的客观
标准。

　　然而一个不容忽视的现象是，至少在无性繁殖的生物和一些连续变化的有性
生物（如一些植物），在时间维度上它们的祖种与子种之间似乎没有一个明确的
间断点，如果它们的进化过程或遗传物质改变量是逐渐的梯度性的变化，那么要
严格区分祖裔之间的不同是十分困难的，这就像要区隔流淌的河水一样。

　　还有，在时间维度上来区分物种只能用特征，其他的所谓客观指标（如生殖
隔离等）都无法使用。所以在此情况下似乎所有的物种定义都是主观的。

13.9　物种的空间边界

　　大多数学者都认为，物种是一个种群或种群集合，大多数的物种定义中都包
括这样的或类似的词汇，最突出是生物学物种定义，它清楚明白地包含此方面内
容，也非常强调物种的种群特征，物种的边界就是独特基因库的边界。然而，建
立在形态、进化和系统发育关系基础之上的物种定义至少在逻辑上有时并不能提

供此方面的准确含义。例如，进化物种定义强调物种是一个"世系"或"祖-裔系列"，那么这个系列是由多个不同化石标本组成的标本序列还是一个种群？当然可以说这些化石标本就代表了一个种群，那么化石标本之间的区别和联系是如何的？或者问化石标本或"化石物种"或"化石种群"之间的区别或边界在哪儿？实际上，在很多情况下，一个化石标本就代表了一个"进化物种"，因而进化物种定义的字面上虽然也包含"种群"或"个体集合"这样的词汇，但对于种群界线的认定却是主观的或不能严格定义的。这一点 Simpson 本人也是承认的。

建立在形态特征上的物种定义以及系统发育物种定义（识别版）也有此方面的类似问题。如果将物种看做由特征或衍征识别的"实体组合"，那么实际上就可将任何有独特特征的"个体集合"看做物种。例如，两只雄孔雀与两只雌孔雀相比是否因它们具有长尾巴而看做一个独立物种？Mayr（2000）甚至提到，在分子系统学盛行的今天，是否两条 DNA 或蛋白质分子也可因各自具有独特的位点性状也被认为是不同的物种？那么物种还是种群吗？

其他各派反驳道，实际上生物学物种定义中所提到的种群界线也不明确。在自然界中尤其是在植物中，形态相差很大、分布距离很远、亲缘关系很疏的物种之间有时也可以杂交，那么其所提到的"生殖隔离"界限将无限大，这既与事实不符，也将造成极大混乱。

营无性繁殖的生物每个个体都可形成一个克隆"种群"，克隆中每个个体几乎一模一样，个体之间也没有任何交流，那么它们的"种群"边界在哪？生殖隔离标准如何适用？或者说多少个个体可以看做一个克隆？一个、两个、十个都可以吗？物种还是以种群为基础吗？

13.10　物种是多地域种群还是单一地域种群

在分类实践中，无论是早期的分类工作或现代的生物多样性研究，研究人员往往都要研究采自很多地方的生物标本进行比对分析，一般是根据形态特征（可以是多种形态，包括外部的大小、体色等和内部的骨骼、内脏等）来区分不同的物种。如果有来自某两个或更多地方的标本总体上很像或者说在"关键特征"上很像（如骨骼特征等）而只是存在一些细微的但较稳定的差别（如体色、大小等），一般就将这些不同地域的标本或种群称为不同的地理亚种或宗，尤其是分布较远地区的形态很相像的种群，如美洲大陆的牛背鹭与亚洲的牛背鹭等，因为在这些情况下一般认为这些种群之间的基因交流很少或没有。然而，自生物学物种定义提出后，这种很普遍使用的也可以说很"规范、成熟"的做法遭到了质疑，因为它将生殖隔离而不是形态差别作为区分物种的唯一标准。另一个更严重的问题是，Mayr 的早期物种定义中包含"潜在的"一词，这等于说如果要确定物种，必须要进行杂交实验才行，因为谁也不知道两个"种群"之间有否具有"潜在的"的杂交能力，尤其是来自不同地域较相似的种群之间。还有，生物学物种定义强调"自然状态下"，这又使人工杂交实验几乎无法开展，因为谁也无法确信自己是否真正模拟了"自然状态"，尤其是对大型动物（需要广大的空间）和高等植物（一般要依赖昆虫传粉）更不可能开展。所以其他各派认为，严格来讲，按照 Mayr 的生物学物种定义就可以将任何具有地域间断的种群看做或认为是独立的物种，这肯定不符合实际情况，对一些以家族为单位生存、分布范围极为有限的（如土居、穴居、寄生）生物来讲，这就可能将一窝或一群生物看做一个物种。这显然不行。但 Mayr 争辩道，如果研究够深，这些问题都可以得到解决。但无论如何，对于异域分布的种群来讲，要判断它们之间在自然状态下有无基因交流十分困难。

而亨氏物种定义则更强调，由于生物学物种定义存在上述缺点，因而只有用严格、绝对、完全的生殖隔离指标来识别物种才行，即只有在完全确认两个种群之间绝对没有基因交流的情况下才能认为它们是不同的物种。与生物学物种定义一样，其也缺乏可操作性，必将大大减少物种数目。但他们争辩认为，理论与实践要分开，不能混为一谈（图 13.3）。

图 13.3　种群与物种的关系示意

不同分布区的种群在自然条件下一般没有基因交流，但在其他方面基本一致，它们到底是同一物种还是不同物种？生物学物种概念中的生殖隔离标准用在此处有一定的矛盾性，因为它们在自然条件下往往是生殖隔离的，但在人工实验条件下却是可育的

13.11　物种定义是依据种群本身特性还是其外在表现

大部分学者都认为，物种就其本质来看是有其客观性的。因而物种定义要建立在生物本身的客观性上而最好不要人为设定标准。生物学物种定义就认为，生物物种是一个独立的基因库，而生殖隔离是保持和保护这一基因库的手段。因而生物学物种定义是建立在物种本质的基础上的。而时间、空间、形态、生态位的间断性只是生物物种本身间断性的外在表现，用它们来区分物种是用现象来代替本质，而只有生物学物种定义强调生殖隔离这一本质区别。同一物种的生物在形

态上较相似是因为它们是同一物种（在生殖上是相融的），而不能因为它们长得像就认为它们是同种生物。问题是，生殖隔离是否也是现象？其他各派学者认为，生物物种本身的间断性在不同生物有不同的体现或表现，且生殖隔离只是在高等生物表现得较明显，因而不同的生物需要用不同的隔离标准来定义。还有，生物之间的间断性可以有多种表现及其组合，生殖隔离也只是生物本身间断性的一个表现，它根本不能代替生物的本质。例如，无性繁殖的生物和多倍体物种，其物种本质肯定不是生殖隔离。因而，生殖隔离与形态、生态、基因等物种间断性的外在表现是一样的，处于同等地位，不能对其有特别的感情或优先考虑或将其作为判断物种的最终标准。内聚物种概念更强调生物保持其本质特性的内聚机制而非生物学物种概念所强调的不同物种或种群之间的间断或独立机制（图 13.4）。

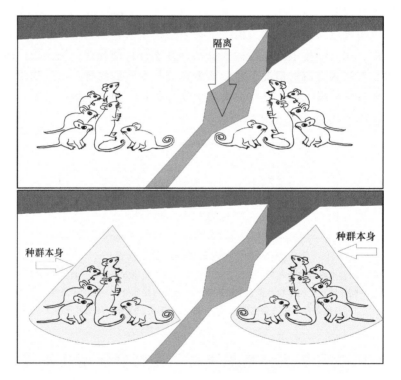

图 13.4　物种定义的依据示意

生物学物种定义强调不同种群之间的关系，而其他定义往往根据种群本身特点

13.12　什么特征可用来定义物种

生物学物种定义认为没有特征可用来定义物种，因为特征的选择、识别等都

是由人的认识决定的，都是人为的、不客观的。生物之所以为生物是由它们的生物学特征决定的而不是其外表特征。如果用特征来定义物种，实际与用特征来识别其他无生命的物体无异，就像仓库或商店根据货物的特征来区分商品一样没有任何道理。与之类似，亨氏物种概念也认为不能用特征来识别物种。

然而，其他各种定义都反对说生殖隔离（或生殖相融）也是生物的特征，既然它可以用，就当然可以用其他特征来识别物种，对于无性繁殖的生物、化石生物更只能用特征，其他指标根据无法使用。因而它们都认为物种的识别都必须也只能建立在特征识别的基础之上。

系统发育物种概念（单系版）还指出，不是所有特征都可用来识别物种，只有衍征才行，没有衍征的分类单元是"并系群"，它们在分类系统中找不到分类地位，当然也就不能安排到种级阶元水平上去而称为"物种"。而系统发育物种概念（识别版）又认为，"任何具独特性状组合的可鉴别的最小种群就是物种"，在一定程度上承认所有特征都可以用。

13.13　数量性状与质量性状

在实际的生物多样性和系统学研究中，研究人员往往主要依据生物的性状来识别和区分物种，就是持生物学物种定义的学者在绝大多数情况下也都是这么做的。既然是这样，那么什么特征可用来识别物种呢？形态学物种定义特别是数值分类学派的物种定义基本认为所有的特征（包括数量性状和质量性状）都可以用。而生物学物种定义基本认为只有"重要的"特征才能用来区分物种，一些不重要的特征（如数量性状）只能用来区分种下分类单元，如亚种或宗等。系统发育物种定义基本认为只有反映系统发育关系的"衍征"才能用于系统发育分析，其他所有特征都不能用，区分物种时也需要用比较重要的特征，因为物种的形成是比较重大的进化事件。他们甚至提出，质量性状的准确称呼应该是"特征"，而数量性状应该称为"特征状态"。例如，哺乳动物"身体被毛"就是特征，而"体毛无色/有色"或"体毛长/短"是特征状态。

然而，区分质量性状和数量性状有时极困难，不同学者对上述特征、特征状态的定义和识别也有很大差异，故源于此方面的争论也不少。

13.14　多种标准与单一标准

生物物种是如此多种多样，无论是从基因组成、繁殖方式、生态位特点以及形态特征上都有所表现，也似乎都可以用来认识和区别，故一种标准似乎不能定义所有物种。再者，物种是时间和空间中的客观实在，因而必须要将时间和空间这些维度也考虑在内。还有，物种是进化产生的或者说是种化产生的，没有进化就没有丰富多彩的生物界，因而在定义物种时，进化或种化也需要包含在内。因而，我们似乎需要多种物种定义或者要在物种定义中要加入多种标准，不能仅用一种标准来代替全部。最具有代表性的就是 Hennig 的定义，他从多个方面对物种进行过描述或定义，如生殖隔离、种化事件、时间和空间维度等。而生物学物种定义只强调生殖隔离这一种标准，似乎不太完美。但 Mayr 反复强调，物种定义只能用一种标准，因为作为分类阶元的物种只能有一种标准或指标来定义。而形态、生态、种化以及时间和空间维度都是来定义作为分类单元的物种实体的。如果要定义它，那么标准越多越好。如果是这样，那么物种定义实际几乎无法开展。但其他各派反驳认为，物种定义就是提出区分物种这一客观实在的标准，其当然可以有多种，而且不存在物种分类阶元与物种分类单元的区分。

13.15　理论与实用

分类实践自始至终都强调实用性，即具体的分类特征要明显、稳定、易辨、可靠和可操作。在具体分类不同物种时或应用标准来区分不同物种时，理想的状况似乎是这一标准也应该简单、实用和可用于分类实践，而不仅仅是玄奥的理论。这在早期以及现代的分类实践中都有体现，如形态学物种定义以及系统发育物种定义（识别版）等。实际上，具体的分类实践基本都是这么做的，分类学研究者们也都是这么用的，他们心中有一个区分物种的尺度。当然在不同的类群区分具体物种时，尺度可能不同。

但生物学物种定义提出，物种定义和物种分类实践要分开来考察和对待。定义是一回事，实践则是另一回事。无论如何，我们要有一个最终的判断不同物种的标准，无论它是多么不实用。例如，在分类实践中，生殖隔离就可以作为这一标准，当形态、生态位等特征不能适用时，生殖隔离可以作为最后的一个标准来衡量。这在鸟类分类中体现得很明显，很多鸟长得很相像，雌雄差别有时却又很显著，历史上曾经有把不同的鸟类标本当做同一种或将某一种鸟的雌雄当做不同的物种对待。当观察到这些鸟在自然状态下的繁殖行为时，才纠正了过去的错误。

其他各派反对说，一是生殖隔离不能适应于全部生物，二是人工杂交实验在分类实践中做起来极为困难，三是对于异地分布的物种几乎不能做也没有意义，因而这一指标实际没有任何用处。再者，在当前物种保护十分必要和紧迫的情况下，用生殖隔离实验来区分物种将大大减少原先所认为的物种数目，这既不利于物种保护，也给环境破坏提供了借口，因为这表明环境改变的影响并没有多大（因为物种本身就很少）。例如，狼与狗之间在人工杂交实验下是可以产生可育后代的。如果严格按照生物学物种定义，狼与狗就是同一物种，那么我们还有保护狼的必要吗？而用形态、共有衍征和单系群来分类，如果把它们都看做物种而不是地域性的种群的话，既简单实用，又有利于保护较小地域内的生物。

13.16　物种与其他高级阶元有无区别

在进化论提出前后的一段时期内，很多学者认识到物种与物种之间的过渡性，物种内部的不同个体之间在很多方面也是界限不明的。因而认为物种与属、科等一样也是人为设定的分类阶元或分类单元，具体的生物物种只是人为划分的一些个体组合。在系统发育物种定义（单系版）中，所有分类单元都建立在单系性上，而物种只是最小的、终极的分类单元而已，它与其他如属、科等并无实质区别，都是根据单系性由人识别的（图 13.5）。这种认识在实际分类中和系统发育物种定义（识别版）中也或多或少有所体现和应用。因为支序分类学派认为，生物进化的过程就是这样的：由一个共同祖先分化出两个后代，由它们再分裂为更多的支系。一个支系就是一个单系群，因此用单系群来分类最符合进化的实际和过程。而最小的单系群就是物种。而其他各派都反驳认为，至少在物种水平生物是有其本质区别的，即物种之间是有其本质间断的，它们的存在不依赖于人的认识，是客观实体。而如果将物种看做与其他分类单元一样的组合，实际是否定物种的客观实在，是一种虚无主义或唯名论的体现。但系统发育物种定义（主要是单系版）认为，在一个较小的区域内，物种之间的间断性可以较容易地判断，而如果要判断不同域的种群之间是否存在间断则几乎不可能，因而物种的客观性

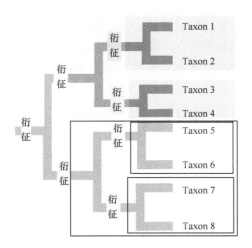

图 13.5　物种与其他高级分类单元之间的关系示意

系统发育物种定义界定高级分类单元到物种都坚持用单系群这一个标准，生物学物种定义较强调物种水平的明显间断性，对高级分类单元的界定比较模糊

就无从谈起，因而它们只能是人为识别和限定的，与其他高级分类单元并无本质区别。

13.17　物种与高级分类单元的组成有无本质区别

当我们将物种当作一个分类单元时，它的组成成分是个体。例如，智人（*Homo sapiens*）这一物种的组成就是你、我这样的个体。个体之间的区别是连续的、逐渐的。但一个属或一个科的组成都是物种，如人属（*Homo*）是由智人、直立人（*Homo erectus*）这样的物种组成的，而按照一般理解或生物学物种定义，它们之间的区别是明显间断的、不连续的。因此，如果将物种和高级分类单元的性质看做是一个样的，那么是否可能将组成物种的个体看做类似物种那样的"自然实体"？但生物个体的存在都是很短暂的，显然不能与物种这样的实体类比。但形态学物种定义、系统发育物种定义（单系版和识别版）都将物种处理成与其他高级分类单元具有同样性质的生物实体，建立在统一的标准之上。

另外，如本书第2章所述，具体的高级分类单元都是用特征来限定的，如，脊椎动物亚门的所有动物都具有脊椎。而具体的物种却不能用特征来限定，它们只能相互区分和区别。这似乎也表明物种与其他高级分类单元应该有所不同。

13.18　高级分类单元的性质

假定严格按照生物学物种定义，至少在物种水平上且在高等生物类群内，可以说我们是具有一个较客观的标准的。但如何将种组合到属中、再将属组合到科中呢？或者说组合或判断高级分类单元的标准是什么？生物学物种定义及其相关定义似乎只提供了区分物种的标准，而没有提供识别或区分高级分类单元的标准。在实际工作中，往往是先将形态上相似的物种组合到属中，再将相似的属组合到科中。这不可避免地是人为的。

> Mayr（1963）：分类学家所认可的分类阶元层次是试图表现相似性和共同起源的……最相似的、最近缘的物种组合到属中，相似的属再组合到亚科至科、目、纲、门。
> The hierarchy of categories that the classifying taxonomist recognizes is an attempt to express similarity（"characters in common"）and common descent... The most similar species, the "most closely related" species, are combined into genera, groups of similar genera into subfamilies and families, these

into orders, classes, and phyla.

Mayr (1963)：我们对高级分类单元在分类等级系统中的认识、
设定、区别和安置具有很大的主观因素。
Our recognition of a higher category and its designation, de-
limitation, and placement in the hierarchy have a large arbi-
trary component.

　　而系统发育物种定义（识别版和单系版）用严格的共有衍征或单系群来归
群，无论是物种还是任何高级分类单元都建立在统一、单一、可检验的标准上，
因而他们认为只有他们的定义才是最好的，因为进化过程就是由大到小、不断产
生单系群的过程。而生物学物种定义则在一定程度上认为，种与其他高级分类单
元是不同的，不能等同对待。而问题是如果能始终如一地同等对待，为什么不这
样做呢？

Goldschmidt (1952)：一门包含一定数量的纲，它们彼此可以
区分但都具有属于该门的识别特征。这一原则在分类时需一以
贯之。一科中的所有属都具有该科的共同特征，如所有属的企
鹅都是企鹅。但属之间是有区别的。如此往下直至种级水平
……因而，无论是逻辑还是历史事实都告诉我们高级分类单元
先出现，并随时间逐渐分裂为更小的、更低级的分类单元。
A phylum consists of a number of classes all of which are basi-
cally recognizable as belonging to the phylum but, in addition,
are different from each other. The same principle is repeated
at each taxonomic level. All the genera of a family have in
common the traits which characterize the family; for instance,
all genera of penguins are penguins. But among themselves
they differ from genus to genus. So it goes on down to the
level of species... Thus, logic as well as historical fact tells us
that the big categories exist first, and that in time they split in
the form of the genealogical tree into lower and still lower cate-
gories. (Mayr, 1963)

13.19　物种是否是单系群

　　根据 Hennig 的原意，物种内部个体之间的关系是亲子传承关系，而物种之间的关系是系统发育关系。只有系统发育关系才能通过单系群、共有衍征来识别和推导，而物种内部的个体之间的关系是网状的，几乎无法识别。支序系统学的主要任务是分析系统发育关系而不是物种内部的遗传或传承关系。这似乎表明，用来识别物种之间关系的指标不能用来识别物种本身。故 Wiley 和 Mayden (2000) 声称只有他们的"进化物种定义"才是最好的，物种也只能在时间维度中才能识别，其他的，如特征、单系群、共有衍征和生殖隔离都只能处理种与种之间或高级分类单元的关系，不能用来定义作为分类终极单元的物种本身。

　　然而，根据支序分析理论，独征虽不能用于支序分析，但可以用于区分不同的分类单元。物种也是分类单元，故它们似乎至少可以由独征等来识别，这是系统发育物种概念（识别版）所主张的。系统发育物种概念（单系版）则坚持物种与任何分类单元一样都是人所识别的单系群。

　　生物学物种概念强调只有物种是真实可靠的、客观的，因而只能用生殖隔离这一客观标准来识别，故物种肯定是单系的。其他层次的分类单元则可以是并系群。

13.20　先验与后验

　　大多数的学者都认为，物种是客观存在于自然界的，即物种的存在是独立于人的意识的，人类无法创造它或改变它，最多只能去认识它。也可以说，物种的存在是"先验的"，即物种的客观存在是"先"于它在人类意识中的主观存在的。然而，建立在进化论上的一些物种概念，如唯名论的物种概念则认为物种只是人想象出来的或人为规定的。系统发育物种概念（单系版）则坚持物种与任何分类单元一样都是人所识别的单系群，在支序分析之前，谈论物种或任何分类单元都毫无意义。在他们的定义或分类系统中，只有单系群才可以用来分类，而所谓的单系群只有在运用简约法则进行分析后才能得知。故他们认为世界上没有先验性的单系群或物种，物种是"后验的"，是人类认识产生的实体。任何在支序分析之前所识别出的物种都是没有意义的，如用特征或生殖隔离所区分的物种等。

　　其他各派都强烈反对此种观点，坚持物种的客观性存在。

13.21　相似与相异

　　生物学物种概念和亨氏物种概念用生殖隔离标准来定义物种似乎实际是来"区别"物种，即寻找或定义不同物种之间的差异度，而定义高级分类单元时却又根据其成员的共同特征或共有衍征，即寻找分类单元内部成员的一致性或相似性，在实际分类识别物种时也是根据个体形态的相似性来进行。这两方面似乎不够协调。而建立在形态学特征上的物种定义（主要是系统发育物种定义和形态学物种定义）在任何层次都用分类单元的相似性或共同特征，即他们的做法是连续一贯的。持生物学物种概念的研究者反驳认为，物种与高级分类单元是不同的，当然要分别处理。另外，种内个体之间交配繁殖的相融性和种间隔离是一个问题的两个方面，如果个体之间在繁殖上是相融的，即说明它们是"相似的"。但如何来证明同一性别的不同个体是属于同一种或不同种呢？

13.22　祖　先　物　种

　　建立在支序分类学上的物种定义从 Hennig 的原始概念出发，一般都认为一个物种产生于一次物种分裂事件而消失于再一次的物种分裂事件，或者说，物种存在于两次种化过程之间。由种化事件产生的两个物种是原先物种的子种，而它是子种的祖种（图 13.6）。而生物学物种定义认为，只有当两种生物之间存在生殖隔离时，才能将它们定义为不同的物种。例如，当大陆上一个很大种群的一小部分个体扩散到某一岛屿上以后，在隔离的状态下它们演化成一新物种，而大陆上的大种群在相同的时间内却几乎没有发生任何改变，与小种群刚扩散时一模一样（图 3.8）。在这种情况下，可以将大陆上的物种认为是岛屿上物种的祖先，这里并没有三个物种而只有两个物种（图 13.6），即从演化角度看，如果祖种不发生改变，而隔离的子种经历足够多的变异后而与祖种形成生殖隔离，那么它们才可看做不同的物种。而按照支序分类学派的做法，就会将原来的祖先物种人为地灭绝了，而将这后来的两个物种都认为是原来种群的子种（图 13.6）。这显然与事实不符。支序分类学派争辩道，诚然，在时间尺度上大陆上的前后两个种群间可能确实没有生殖隔离，可你如何证明呢？原来的种群已不存在了啊！保存到现在的种群在这段时间内可能在很多方面已与原来的祖先种群不相同，那为什么还要认为它们是同一物种呢？既然无法证明它们是同一物种（至少生殖隔离无法证明），那为什么不技术性地将它们处理成两个不同的物种呢？从遗传的角度来看，种群的不同世代之间基因频率也会发生改变的，既然历史种群与现实种群之间在遗传组成上有不同，为什么不可以将它们认为是不同的物种呢？

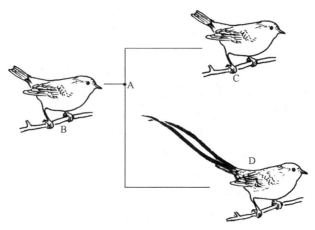

图 13.6　生物学物种概念与系统发育物种概念的区别
如果由 B 到 C，前后两个种群间没有生殖隔离，那么它们仍是一个物种（生物学物种概念）；
由于在 A 处发生一次种化事件，因此，这时就有三个物种，分别为 B 至 A、A 至 C 和 A 至 D
（系统发育物种概念）

　　进化物种概念则强调时间上物种的传承，它们也承认祖先，且认为不同物种之间有先后顺序上的直接传承关系，而依据往往都是形态的。

13.23　种化模式及过程

　　根据种化模式，物种形成至少有三种方式：异域种化模式、同域种化模式和邻域种化模式。其中，异域种化模式中又可区分出芽式物种形成方式（部分个体隔离后形成新种，而其余大部分个体保持不变，相当于上述小岛上的小种群形成新物种，详见第 15 章）。Mayr 认为，只有用生物隔离标准来区分物种，才能比较容易或准确地理解物种形成过程。而其他各派认为，生物学物种定义比较能说明异域物种形成模式，而对邻域和同域种化模式不能很好说明，因为一般情况下它无法提供在同一地域内、没有隔障的情况下不同种群之间的生殖隔离是如何阻断的。而用单系群或共有衍征来区分物种就没有这方面的问题。进化物种定义则更提出，如果祖先物种灭绝（相当于上述大陆上的种群）的情况下，只有它们的定义最能说明问题，其他所有定义都没有意义，因为无论是生殖隔离或共有衍征只有在对比的情况下才有用处，如果在只有一个分类单元或物种的情况下根本不起作用。亨氏物种定义则坚持要将种化事件包含在物种定义中。

13.24 前进进化能否产生新种

进化包含两方面的改变：一是生物形态上的改变和歧异；二是种化过程，即一个物种或支系分裂为两个或两个以上的后代。对于前者，如果一个物种发生了"明显的"或"重要的"特征改变后，是否可以将其看做转变成了一个新物种？按照形态学物种定义、系统发育物种定义（识别版）以及进化物种概念等的标准，它似乎就可以认为是一个新物种，因为它具有"可识别的新征"或"独特的历史和命运"。而按照生物物种定义，只有两个种群产生生殖隔离时才能认为是不同的物种，如果仅是形态上的改变还不能认为它们是两个物种。亨氏物种概念强调种化过程，而上述情况没有发生种化，故似乎这种情况下又只能是一个物种。没有发生种化过程哪来新物种（图13.6）？

13.25 时　间　种

时间种（chronospecies）就是指仅形态上发生改变而没有形成子种的物种，或者说是没有种化的物种。它们往往存在于某一段时间内，因此称为时间种。在古生物学研究领域内，时间种是一重要概念，很多化石物种都是时间种。古生物研究者往往是通过比较不同化石的异同，将它们排列成一定的演化世系。在形态改变不大的情况下，一般就将一定的化石物种认定成一个时间种（图13.7）。建立在支序分类学上的物种定义往往强调种化事件，即时间上的明显或明确间断性，而时间种往往是根据特征的相似性进行认识而不仅仅是共有衍征，因而时间种的概念在这一派的学者看来不存在或不客观。生物学物种定义强调生殖隔离，而时间种根本无法适用生殖隔离这一标准，因而也得不到生物学物种定义的承

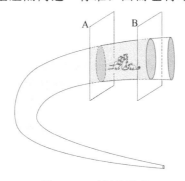

图13.7　时间种示意

图中字母为不同的时间点，任意两个时间点之间的生物存在似乎都可看做一个物种；
这显然不太客观；系统发育物种定义要求指明确切的种化事件时间点

认。当然，如果特征明显可辨，由于不同特征是同时进化的，也可以认为它们确实产生了生殖隔离，进而可以认为是不同的物种。Mayr 本人是承认时间种和祖先的。

13.26　动态与静态

进化物种概论和其他一些概念始终坚持生物是由进化产生的，也是进化过程的具体体现者，因此应将进化或其概念包含在物种概念中，最好能突出强调进化。这一做法的好处是在物种概念中可以包含动态的进化过程和时间维度。然而，生物学物种概念只强调静态的生殖隔离，在时间上也是静态的，没有体现出有机物存在的动态过程，似乎不好。另外，建立在形态学或形态识别上的物种概念这一缺点则更加突出明显。

但 Mayr 认为，所有有机体都是进化产生的，因而如果将进化概念包含在物种定义中，实际没有任何意义或无法开展。例如，地域性种群、亚种，或者比种更高的分类单元都是进化产生的，它们是否都可以称为物种？或者说它们与种到底有没有本质区别？生殖隔离标准可适用于任何时刻，也是进化的产物和区分物种的客观依据，因而最好。

系统发育物种概念（识别版）则将特征的改变和分支重叠、简约法则作为系统发育分析的主要依据，在一定程度上弱化进化过程，因为他们认为只有在支序分析以后、明确了形态或分类单元的分支过程后才能知道具体的历史的进化过程或特征改变样式，在这之前谈论进化论有点空泛。故他们特别反对在任何定义中包含进化内容。

13.27　矛盾与统一

生物学物种定义（也许是接受度和流行度最高的物种定义）始终强调"生殖隔离"这一生物本身所具有的客观标准。但支序系统学派的很多研究者提出，如果严格应用生殖隔离标准，在理论和实践上也都有自我矛盾之处。第一，生殖隔离只能用来区分物种，而如果要区分不同的支系或高级分类单元则无法使用；第二，Mayr 本人也承认，时间维度上的物种只能进行主观判断，因为生殖隔离指标无法适用，他本人也是进化论的捍卫者和宣传员，而进化论主要就是要解释和说明生物物种的历史演化和形成过程的；第三，生物学物种定义强调了不同物种之间的相异性，无法说明同一物种内个体的相似性，而在实际操作时都是根据相似性；第四，Mayr 所提出的"出芽式物种形成方式"与"异域物种形成方式"并无本质的区别，被隔离种群的"大小"是无法准确衡量和界定的，而在"出芽式物种形成方式"中，Mayr 认为是由一个祖先形成一个后代，而在"异域物种形成方式"中却认为一个祖种形成两个后代，这两者的实质区别就是被隔离种群的大小，而这显然是主观决定的，也是自我矛盾的；第五，生物学物种概念只提供了物种水平的"客观标准"，而如何将种安排到高级分类阶元层次上去往往都是由研究者自己决定的，没有客观统一的标准。

系统发育物种概念一般是用严格统一的标准（如单系群和共有衍征）来定义物种、识别物种以及归群物种的，做法上相对较一致。

但 Mayr 反驳认为，物种定义是来定义物种的，它不能也不可能来定义一切，如高级分类单元或阶元、无性繁殖生物等。还有，他提出的"出芽式物种形成方式"只是"异域物种形成方式"的一个特例（即假设被隔离的后代种群中有一个没有发生较大的遗传改变），这两者并不是并行对立的。

13.28 包罗万象与简洁单一

从生物本身特点来看，其多姿多彩、千奇百怪；从分类实践来看，从物种识别到分类系统的推导和建立，内容十分庞杂。一个物种定义似乎不能也不可能也不应该要求它解决所有问题。但从上述争论来看，很多学者尤其是系统发育系统学的研究人员在提出物种定义的时候，往往希望其能描述所有生物种类，也希望尽可能地解决从物种到高级分类单元、归群与决定阶元层次、空间与时间、理论与实践、严密性与实用性等一系列问题。生物学物种定义则将重点放在定义物种上面，虽然它不太适用于无性繁殖的生物。

13.29 物种定义的重要性

在这一点上，现代主要物种定义各派都一致认为，给出一个好的物种定义是十分必要和重要的。但在进化论提出后一段时间内，有些学者否认物种的客观性，只是认为物种是人定义或划定的一群生物个体组合，对它们是否一定要定义并非十分紧迫。在现代的分类实践中，有一些研究人员偏重于多样生物的描述和记载，对空洞的理论性定义兴趣不大，尤其是在生物多样性日益丧失的今天，他们认为做实际的具体工作更加有意义。Hey（2006）就提出，应该抛开所谓的"物种定义"之争，即不要在概念上打圈，而要将精力花在尽可能多、尽可能快地认识物种及其多样性方面。当我们对自然的了解足够深时（目前可能还没有到这种程度），可能更容易提出区分或判断具体或不同物种的标准，而不仅是作秀般甚至有点哗众取宠地提出概念。但问题是，当我们采用的物种定义杂乱无章或各自为政时，我们所描述的所谓"物种"可信度高吗？

13.30　物种能不能被定义

Merrell（1981）认为很难有完全令人满意的物种定义。由无性繁殖、杂交、基因渗入、多倍性和地理变异等目前已发现的因素以及这些因素的种种组合引起的复杂情况，使得要想定义一个"彼此各具特色和界限分明的不连续实体"概念是非常困难的。而在所有物种定义的支持者看来，他们已经提出了非常好的物种定义，物种定义问题已解决，因而物种肯定是可以定义的。另外，如果将物种看做客观实体肯定就可以定义，当然也许非常困难。而如果将物种看做主观概念，则就不可能定义。人脑想象出的事物如何定义？

为什么会有这么多的物种概念及其争论？最主要的原因可能是生物类群的多样复杂、遗传和分子分化程度与表型分化程度不尽同步，而人们对统一合理的物种概念又强烈向往以及不同学派关注不同的研究领域。

还有一个重要原因可能是不同学者对进化理论、学术理念甚至基础哲学都有着各自不同但十分顽固的坚持。或者说门派之争也是构成物种定义争论的主要原因之一。在各种物种定义争论的背后，或多或少地都站着门派之争的影子，如进化论与本质论、神创论之间的争论，进化分类学派与支序分类学派之间的意见分歧，支序分类学派之内不同学者之间的争论，分类理论爱好者与具体实践者之间的意见不同等。表面上看，他们是在提出不同的物种定义，而实质上，至少在相当的程度上他们都是在提出或捍卫自己的门派主张和学术研究哲学。

在一些名词上不同派别也有不同理解。例如，一些支序分类学派人士认为，单系群是包含源自于一个共同祖先的所有后代的分类单元，而另一些人又认为单系群或全系群要包含祖先以及它的所有后代，比前者要多出一个祖先（图9.4）。而进化分类学派则认为只要是源自于一个共同祖先的后代就可以组成一个单系群，并不一定要包含"全部"后代。而在支序分类学派看来，进化分类学派的"单系群"实际上包含了支序分类学派所主张的"单系群"和"并系群"两个概念等。在科学哲学上，如本质论与方法论的统一问题、理论与方法的结合问题、普遍适用与各自为政的矛盾问题等，他们也都有不同的见解。

在当前，一般是理论上承认生物学物种概念，而在实际工作中主要采用系统发育物种概念或形态学物种概念，如Kutschera（2004）所提倡的。进化物种概念在古生物研究领域内有一定的市场。

Mayr（2001）指出，在众多物种定义中，只有两个是真正的物种定义，即生物学物种定义和本质论的物种定义，其他的定义都是在定义具体的作为分类单元的种而不是作为分类阶元的种。生物学物种概念是用物种的生物学特征来定义，而本质论物种概念是根据物种的相似性来定义。

　　还有一个可能的原因是，不同学者对物种、物种定义、种是分类单元还是分类阶元等没有清晰的认识和共同的指代，造成对"物种"这一概念的理解不同，从而形成争论焦点模糊的局面。

> Darwin（1859）：无一物种定义使自然学者人人满意，且人人都未确信他所言之物种为何物。
>
> No one definition has as yet satisfied all naturalists; yet every naturalist knows vaguely what he means when he speaks of a species.（Zink and McKitrick，1995）

14 综合物种定义

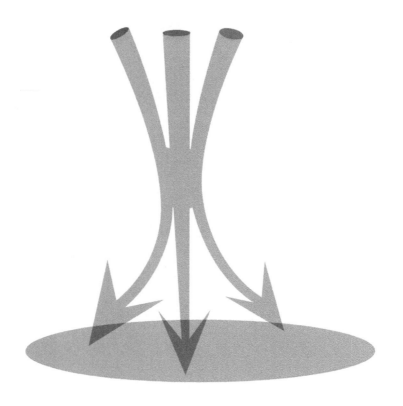

　　在前文所介绍的所有物种定义及其争论中，我们可以明显看出每种物种定义都有一定的缺陷和不足，当然各自也都具有一定的优点，或者有其特别的适用范围。能不能结合它们的长处、克服它们的短处形成一个新的物种定义呢？在此笔者试图提出一个集大成的物种定义。

　　首先，在前文所提及的物种定义中，笔者认为，以下几个值得特别注意。

　　Mayr（1969）：*物种就是一个有自净能力的基因库或孟德尔种群，通过隔离机制而避免从其他类似群体得到有害基因。*

　　A species is a protected gene pool. It is a Mendelian population which has its own devices (called isolating mechanisms) which protect it against harmful gene flow from other gene pools.

　　Mayr（1982）：*物种是在自然界中占有独特的生态位且与其他群体在生殖上隔离的自然群体。*

　　A reproductive community of populations (reproductively isolated from others) that occupies a specific niche in nature.

　　Meier 和 Willmann（2000）：*物种就是生殖上（完全）隔离的不同自然种群或其集合，它们起源于一次种化事件而消失于另一次或绝灭。*

　　Species are reproductively isolated natural populations or groups of natural populations. They originate via the dissolution of the stem species in a speciation event and cease to exist either through extinction or speciation.

　　Mayr（1969）的定义突出强调物种或种群本身的特点而非生殖隔离，而后者实际是种群与种群之间的关系，或者说生殖隔离只是物种间断性的表现而已。Mayr（1982）的定义将生态位引入物种定义中。在自然界中，生殖隔离和生态位往往是具有空间范围的。因此可以说，Mayr 的定义中实际是包括空间这个向度的，并且引进生殖隔离和生态位两个标准，是用多标准定义物种的尝试。

　　Hennig（1966）的物种定义强调了空间和时间两个向度，却包含在两个不同的定义中。Meier 和 Willmann（2000）似乎看到这方面的不足，在他们的定义中综合了空间（生殖隔离）和时间（种化事件）两个向度。

　　另外，现在一般认为物种形成有三种模式：同域（synopatric）、邻域（parapatric）和异域（allopatric）。其中异域物种形成最有说服力（详见第 15 章）。

Mayr（2000）指系统发育物种定义不能适用于异域种化中的出芽式物种形成模式（peripatric），因为祖种与后来的大种群之间没有区别和生殖隔离，或者说没有变化，它们不能被看做不同的物种（图 3.8、图 13.6），而同样的两个种群在系统发育物种定义中却被认为是不同的两个物种。然而，即使在这种情况下，笔者认为这两个种群也可以看做不同的物种，因为祖种已不存在，生殖隔离指标无法应用。所有包括生殖隔离内容的物种定义在时间向度上都存在同样的问题。

进化物种定义走向了另一个极端，即只看到或用到时间向度却没有空间向度。更重要的是这些定义中都没有明确的时间断点，即物种存在的时间范围没有明确指标，因而在客观性上存在一定的问题（图 7.3、图 7.4、图 13.7）。

还有，从异域种化模式上看，时间向度和空间向度是种化的两个条件。笔者认为，它们不能当做定义物种的标准，只有种化本身才能用于物种定义。种化是物种产生的原因和起点，它也是物种在时间和空间纬度上的间断点和边界。因此种化必须包含在物种定义中。

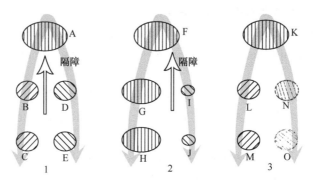

图 14.1　不同物种概念所适用的不同维度

1. 异域物种形成模式与系统发育物种概念（强调时间维度上的序列，如 A、B、C，和空间的隔离，如 C、E）；2. 出芽式物种形成模式和生物学物种定义（强调空间上的隔离，如 H 和 J 之间，不承认时间维度上的隔离，如 F、G、H 之间）；3. 进化物种定义（只承认时间维度）

另外，从各种物种定义的争论中可以明显看出，它们往往只强调物种特性的某一个方面，如形态、生态、生物学、进化过程、种化等，没有一个定义能将这些要素以及物种之间的间断性全方位表现完全融入其中。

综上所述，笔者认为，物种定义或提出判断物种的标准应该强调生物种群本身的特点而不是其与其他种群的关系（如生殖隔离）；不能包含明确的时间和空间维度，因为它们是种化的条件，但它必须在空间和时间两个向度上都适用；应该突出和强调种化，因为物种是由种化产生的。

在所有物种定义中，生物学物种定义所具有的优点十分明显，因此它应该作为物种定义的基础和主体。当然正如 Bock（2004）所指出的那样，生殖隔离实质应该是遗传隔离。

> Bock（2004）：物种是具有实际或潜在交配繁殖的自然种群，它们（同其他这样的群体）在基因上或遗传上是隔离的。
> A species is a group of actually or potentially interbreeding populations which are genetically isolated in nature from other such groups.

Hennig（1966）和 Ridley（1989）的物种定义中包含有明确的种化信息，也可以或应该包含在物种定义中。

> Ridley（1989）：一个物种就是存在于两次种化事件中间（或一次种化事件和一次灭绝事件）或是由种化事件产生的一群生物体。
> A species is that set of organisms between two speciation events or between one speciation event and one extinction event, or that are descended from a speciation event.

故在此笔者结合 Bock（2004）提出的生物学物种定义、Ridley（1989）提出的强调种化的系统发育物种定义以及本章开头所引用的物种定义试着提出综合物种概念（synthesis species concept）。

> 物种是存在于两次种化过程（或一次种化事件和一次灭绝事件）之间的（种化事件可由衍征推断）、具有最大基因聚合力的自然种群［基因聚合力可由基因隔离和（或）独特生态位表现］。
> A species is a most inclusive natural organism population having cohesive gene pool (which can be identified by genetic isolation and/or unique niche) and existing between two speciation events (which can be inferred by apomorphy) or between a speciation event and an extinction event.

简言之，物种就是未发生种化或灭绝的、拥有独特基因库和生态位的最大自然生物种群。

本定义的优点和特点如下。

(1) 将物种定义建立在物种本身的特点上，而不是强调物种与物种之间的关系或间断，这是进化物种定义、系统发育物种定义，特别是内聚物种定义所强调的；

(2) 强调或突出了物种独特性的多个指标，将形态（如共有衍征）的、遗传的、生殖隔离以及独特生态位等几个方面内容都包含在内，或者说高度综合了所知的几乎所有指标；

(3) 将生殖隔离或遗传隔离作为物种独特性的一个外在表现而不是唯一标准，并将其看做与生态位隔离、形态、基因等同等的指标，这是除生物学物种定义之外的其他定义都强调的或者都试图做到的；

(4) 结合了时间和空间维度，在这两个向度上都适用；

(5) 突出了种化过程，即明确了物种在时间维度上的间断性和识别点，这是系统发育物种概念所强调的；

(6) 结合了现代遗传学和分子生物学的内容，将物种看做独特的基因库，并将遗传隔离而不是生殖隔离包含在定义中，虽然这两者几乎是一回事，这是遗传学物种定义所希望的；

(7) 可适用于所有生物；

(8) 可适用于所有种化模型；

(9) 在空间维度上，该定义与生物学物种定义一样，强调物种的客观性存在；

(10) 在时间维度上，它也强调客观的时间分隔点，但判断具体分隔点的标准只能用物种分裂事件或衍征的出现，这方面有主观判断的成分，但这是任何此类定义的共同点或无法避免的弱点，可能也是人类固有的认识论、方法论上的弱点。

> Mayr (1963)：不可否认的是在多维系统（如长距离的时空）中来客观区分物种是不可能的。
>
> It cannot be denied that an objective delimitation of species in a multidimensional system (i. e., over large expanses of space or time) is an impossibility.

15　物 种 形 成

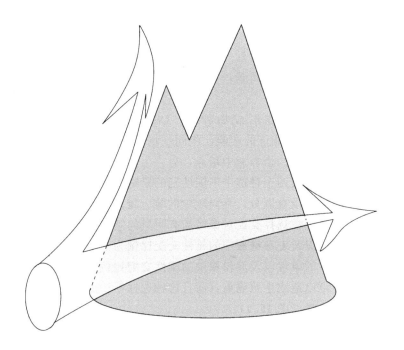

　　据估计，地球上的生物曾超过 40 亿种，现在所知的物种也有近 200 万种，它们都是在地球总共 45 亿年左右的历史中形成的，绝大部分是在近 6 亿年中形成的，故可见物种形成并不鲜见。

　　根据进化论，多种多样的物种是由共同祖先进化而来的。那么它们到底是如何形成的呢？进化包含两个方面的含义：一是指物种形态上的改变，在这种情况下，物种无论如何改变，它始终是一个物种；二是分支进化，就是由祖种分裂为两个或更多的子种，它们再进行分裂，最终形成丰富多彩的生物界。

　　物种形成理论主要是由现代综合进化论提出的，其主要内容是建立在生物学物种定义上的。按照此定义，物种是具有实际或潜在繁殖的自然群体，它们在生殖上是隔离的。因而隔离机制的产生在物种形成理论中占有重要地位。

15.1　物种形成过程

　　物种形成包含三个步骤：谱系（或世系，lineage）分裂；不同谱系间获得了生殖隔离机制，使群体间产生间断；当间断足够大而使生殖隔离机制完善时，新物种就形成。

　　问题是，自然选择真能形成物种吗？Dodd（1989）用果蝇 *Drosophila pseudoobscura* 为材料进行如下的实验：将同一培养基中长大的果蝇分成两个种群，一个放在装有麦芽糖的培养瓶中培养，另一个饲养在仅装有淀粉的培养瓶中培养。经过 8 代以后，取两个种群中不同性别的果蝇进行交配试验，发现对照瓶中的果蝇在选择配偶上没有区分，不同瓶中的雌、雄配对数分别为 18、15、15、12；而实验瓶中的果蝇在选择交配对象时却有明显的倾向性：淀粉培养瓶中的雌果蝇与本瓶中的雄性以及麦芽糖瓶中的雄性交配比例为 22∶8，而麦芽糖培养瓶中的雌果蝇与本瓶中的雄性以及淀粉瓶中的雄性交配比例为 20∶9。可见在实验条件下，自然选择可以造成生殖隔离，而且这种选择不一定非要是对造成生殖隔离本身的性状进行选择（图 15.1）。

　　Funk（1998）对一种叶甲 *Neochlamisus bebbianae* 的研究结果也证实了这一点。他发现，取食不同寄主的种群在产卵、对寄主的喜好程度、取食反应和幼虫的行为表现上，均比取食同一寄主的种群具有更强的分化程度。因此可以看出寄主植物对新种形成具有催化作用，能够导致群体间的生殖隔离程度加剧。Rice 和 Hostert（1993）、Florin 和 Oedeen（2002）列出了很多这样的研究实验。

　　既然在实验条件下，不同种群在选择作用下确实可以产生生殖隔离，那么自然种群呢？内华达鳉鱼（*Cyprinodon* spp.）生活在美国内华达州死谷（Death Valley）中的小湖泊、池塘和泉口中。一万年以前，内华达州比现在要湿润得多，有很多溪流等将这些小水体联结起来，而现在由于气候干燥，它们都成了独

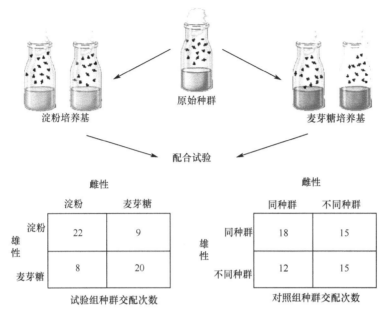

图 15.1 实验条件下果蝇 *Drosophila pseudoobscura* 的不同种群在隔离足够代数后会有一定的生殖隔离,即使选择不直接作用于有关生殖隔离的性状 (Dodd, 1989)

立的小水体。目前,该地有 10 余种(或亚种)鳉鱼,每一种都只生活在相当有限的几个水体中,相信它们都是由共同祖先进化而来的。可见是干旱将原先联结在一起的鳉鱼种群分割成许多小种群,它们在很多方面朝不同方向进化(包括生殖隔离)而形成现今不同的种群,它们之间有生殖隔离,可以看作是不同的种 (Miller, 1950; Echelle and Dowling, 1992),生活在美国和墨西哥的现存近 20 种鳉鱼估计也都是这种因素形成的 (Echelle et al., 2005)。

McKinnon 等 (2004) 用刺鱼 *Gasterosteus aculeatus* 作为实验材料来验证生殖隔离是自然选择的副产品。这种鱼生活在同一湖泊中,有两种类型:生活于开阔水域的小型个体和生活于岸边的大型个体,这是自然选择的结果,因为有捕食性鱼类存在,大型个体在开阔水域不易存活。而在这两个类型之间,雌、雄在选择交配对象上有明显的选择性:大型个体只选择大型个体,而小型个体只选择小型个体。可见,自然选择可以产生生殖隔离。

多久可以产生生殖隔离? Coyne 和 Orr (1989, 1997) 对此进行过研究,他们发现,随着时间推移,无论是配合前隔离还是配合后,隔离机制都会得到强化,并估计隔离机制的形成平均需要 150 万～350 万年,但可以更快。隔离后又同域种群的种化速度可能要快 10 倍。

　　隔离机制的产生需要多少个基因参加？Boake 等（1997）研究了夏威夷的果蝇 *Drosophila silvestris* 和 *D. heteroneura* 的攻击行为和交配行为，发现两者截然不同，在自然条件下它们也不杂交，但在实验室内杂交产生的 F_1 代的攻击行为只与父母中的一方相似，绝不出现中间过渡类型，显示它由一个基因控制。而交配行为等却出现中间过渡类型，显示它们有多个基因控制。由此可见，有时只要一个位点的突变，如果有基因上位效应存在的话，就有可能产生隔离机制而形成不同的物种。Wu（2001）对种化过程中的一些具有重要作用的基因（成种基因）有详细讨论和强调。

　　纯合体果蝇 *Drosophila simulans* 和果蝇 *D. mauritiana* 杂交的例子可以帮助我们了解基因数量在生殖隔离中的作用（Coyne，1984）。将雌性果蝇 *D. simulans* 性染色体上的一个基因与另外两条常染色体上的两个基因（分别在两条臂上）进行隐性突变。将这种果蝇的纯合子与纯合体 *D. mauritiana* 的雄性杂交，它们的后代中只有雌性是可育的。将这些能育的雌性果蝇再与隐性纯合的 *D. simulans* 的雄性回交，由于前者在减数分裂时有染色体的交换，因此它们的部分生殖细胞内突变隐性基因就会消失而变成果蝇 *D. mauritiana* 的显性基因。这些配子与 *D. simulans* 的雄性配子结合以后就会发育成雄性果蝇，测定这些雄性果蝇不同生殖力精子的比例和它们中所含隐性基因的数目就可以获知基因数目对不育性的影响。结果发现，只要 X 染色体上有一个基因改变就可以导致不育，而常染色体上至少要有 4 个基因参与。这也表明 X 染色体上的基因具有强烈的决定作用，常染色体上的基因具有累加作用。

　　从以上的实验可以看出，无论是在实验生物还是自然种群中，种化是实际存在的；只要有足够的时间和基因参加隔离可以造成种化。

15.2　物种形成方式

　　多种资料都认为，物种形成的模式主要有三种：异域物种形成事件（allopatric speciation）、同域物种形成事件（sympatric speciation）和领域物种形成事件（parapatric speciation）。

15.2.1　异域种化

　　如果原先的祖种分布区足够大，那么它的种群就很有可能被一些后来形成的自然隔障（如改道的河流、隆起的山峰、涨起的洪水、强刮的劲风等）分隔成两个或更多的小种群，这些小种群之间不能进行基因交流。如果它们被分隔的时间足够长，各自适应自己的生活环境而不断进化后，就有可能形成生殖隔离机制

（图 15.2）。当这些隔离机制足够强大时，就是以后隔障解除，这些小种群也会因为已成为不同的物种而不会再次融合。这就是异域物种形成模式。它要求有两个要素：一是地理隔障；另一个是时间。但是，由于种群的分布区往往较大，隔障的形成及特征的演化都是十分缓慢的过程，因此，异域物种形成事件在历史上发生过很多次，但真正能被观察到的十分稀少。

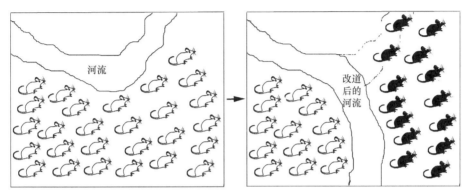

图 15.2　异域种化模式

不同种群在隔离状态下演化成不同的物种

由于异域种化事件中有隔障的存在，阻断了不同种群间基因和个体的交流，迫使它们在不同的空间和地域中同时演化，最后各自形成不同的物种。这在理论上较明确，也最有说服力，因此也是最早提出的物种形成模式（Mayr，1942，1963，1970）。

有大量的事例可以确证异域物种形成事件的存在。Schmitt 等（2006）分析了欧洲蝴蝶 *Erebia epiphron* 种群的分布格局，发现它们都有自己的领域（仅在湿润的地区），且在基因方面已有不同，显示它们已形成不同的地理亚群，而这一结果是冰川隔离所造成的。

Lovette 和 Bermingham（1999）对北美洲的 27 种鸣禽 *Dendroica* spp. 的线粒体基因序列进行了研究，发现它们都起源于较古老的祖先，可能是由于冰川分隔后各自独立演化的结果。

北美洲的火鸡 *Meleagris gallopavo* 有好几个亚种，分布在不同的地区，它们之间有时会有杂交出现。但分布在较远的墨西哥和危地马拉的另一种火鸡 *Meleagris occeleta* 与它有生殖隔离机制，显示它们是在有隔障的情况下进化而成不同的物种的（Mock et al.，2002）。Wiley 和 Mayden（1985）对北美洲的鱼类区系做过分析，发现 *Notropis* 属 5 种鱼的分布区是不重叠的，表明它们是在不同的水域中形成的。

Liebers 等（2004）分析了山雀 *Larus argentatus* 复合种的线粒体基因序列，

重建系统发育关系后发现它们并不是真正的"环形种"（ring species），即邻近种并不是最近缘的。另外，他们还分析了过去所认为的环形种的典型代表，如蝾螈 *Ensatina*、大山雀 *Parus* 以及鸣禽 *Phylloscopus trochiloides*，认为它们并不是严格意义上的环形种，实际上或多或少都带有异域物种形成的味道。

Knowlton 等（1993）以蛋白质、线粒体 DNA（mtDNA）序列和行为差异研究 7 对跨巴拿马地峡的枪虾 *Alpheus* 种对（两种分别分布在地峡的两侧），由 Nei 遗传距离和 mtDNA 序列变异的程度显示，7 对中有 6 对是在巴拿马地峡关闭之后形成的，有 1 对在此之前就已开始分化。Knowlton 和 Weigt（1988）又对 15 种枪虾进行分析，结果证实了上述结论。巴拿马地峡两侧生物相似的情况在很多类群中都有发现，如海星、虾、鱼等。

南半球的山毛榉属 *Nothofagus* 有 30 多种，分布在不同的地区和大陆上。Swenson 等（2001）认为它们是随着大陆裂开后在不同的地方逐渐演化形成的。但也有人（Linder and Crisp，1995）认为从分子系统学的角度来看，它们的演化历程与地质史不太符合。另外，像澳大利亚的生物区系与其他大陆上有显著区别，北极有北极熊而环境相似的南极却没有熊类等事实也证明，异域物种形成事件的真实存在。

从以上的例子中可以看出，无论是小范围（如美国的鱼类），还是大空间（如南半球的植物），异域物种形成事件是客观存在的。

异域物种形成的另一种特殊形式是岛屿或孤立环境中的物种形成。与其他异域物种形成事件不同，这种情况下是祖种的部分种群越过隔障而不是隔障分隔祖种。因此，Mayr（1963）将其称为"出芽式物种形成事件"（peripatric speciation）（图 15.3）。由于被孤立起来的种群一般都较小，可能就会存在奠基者效应和遗传漂变，其进化速度往往较快（详见第 3 章），典型例子是岛屿上的物种形成事件。

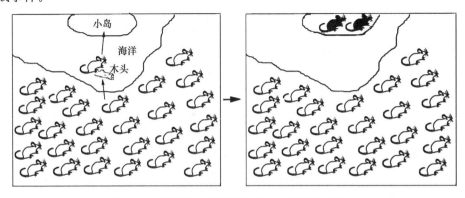

图 15.3　异域种化的特殊形式——岛屿上的种化

小种群在隔离状态下发生种化

Mayr（1942）和 Haffer（2004）分析了新几内亚群岛翠鸟 *Tanysiptera* spp. 的分布和种化情况，发现在大岛上各种群的分化不强，一般只达到亚种层次，而在远离大岛的小岛上，分化较强，已达到种的水平。巴布亚的燕子 *Rhipidura rufifrons* 种团以及其他南太平洋群岛的鸟类也有类似情况。

Lachaise 等（2000）仔细检查了西非 Sao Tome 岛上的果蝇，发现了果蝇 *Drosophila yakuba* 的一个姐妹种 *D. santomea*。它们在体色、形态上有明显区别，杂交后代中雄性不育。它们的分布范围也不一致，一个在相对高海拔，另一个分布于低地，但两者之间有狭窄的杂交区。从线粒体序列分析结果来看，很可能是后者先扩散到该岛上，前者是后迁入进来的。

Seddon 和 Tobias（2007）分析了巴西与玻利维亚边境地区栗尾蚁鸟（*Myrmeciza hemimelaena*）的叫声。标本采自三个地点，一个是高山地区的孤立森林，另两个分别是在山下两边的大树林中。结果发现，孤立树林中的鸟叫声变异最大，且它们对大树林中同类的叫声敏感性明显小于两个大树林种群相互之间的敏感性。这表明，在孤立环境中的生物种群确实变异较大。

Green 等（1996）对美国西北部的黑斑蛙 *Rana pretiosa* 进行过研究。由于冰期的影响，它们在南方幸存下来后逐渐向北延伸。从同功酶的变化来看，南方的种群由于限制于高海拔和沙漠泉水中，变异度较高，而北方的种群是后来建立的，分子变异度很小。

DeSalle 和 Giddings（1986）用线粒体序列重建了夏威夷群岛上的几种果蝇 *Drosophila* spp. 的演化历史，发现离较大的夏威夷岛越远的小岛上，果蝇的变异越大。

有时在这种既有地理分割又有遗传漂变的情况下，种化情况极为明显。Britton-Davidian 等（2000）检查了一个地中海小岛上的 143 只家鼠 *Mus musculus domesticus* 的核型，他们发现，它们可以分为 6 组，每一组内不同个体之间的核型是极其一致的，但不同组间都有变化，而它们的染色体数都少于大陆上的老鼠（$2n=40$ 条），这可能是由于染色体上的着丝粒愈合所造成的。由于小岛很小，崖壁又很陡峭，这些不同组的鼠群被限制在不同的狭小地点，彼此之间没有交流，可以认为是不同的种。

15.2.2　同域种化

在同一地区内，由共同的祖种分裂为两个或更多的子种情况就是同域物种形成。它不要求有明显的地理隔障（图 15.4）。这就面临一个问题，就是在同一分布区内没有地理隔障的情况下，基因交流如何阻断？生殖隔离如何产生？目前大多数学者都同意同域种化事件可以发生在两种情况之下：一是不同种群间生态位异化；二是通过多倍体的方式形成新物种。

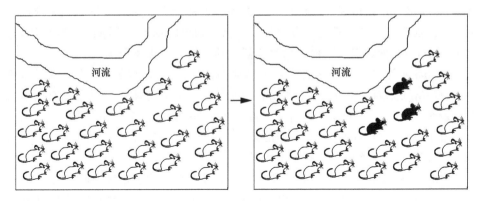

图 15.4　同域种化模式图

在同一地域内没有隔障条件下的种化事件

1）生态位异化

实蝇科 Tephritidae 实蝇属 *Rhagoletis* 的 *R. pomonella* 有 4 个姐妹种，形态上相似，同域分布，但生殖上隔离，生物学上亦不同，分别危害不同科植物的果实。*R. pomonella* 危害蔷薇科，*R. mendax* 危害杜鹃花科，*R. cornivora* 危害山茱萸科，*R. zephyria* 危害忍冬科。这些昆虫的求偶和交配都发生在寄主的果实上，雌虫也在果实上产卵。因此，一旦发生向新寄主的转移，被新寄主吸引的这些昆虫同取食原寄主的昆虫在生殖上隔离。在同域分布的 *R. pomonella* 中还有苹果宗和山楂宗的不同。表现在个体大小、眼眶后刚毛数和产卵器上稍有不同，在羽化时间上也有明显的差别。苹果宗的羽化期在 6 月 15 日至 8 月末，高峰在 7 月 25 日；山楂宗的羽化期在 8 月 15 日至 10 月 15 日，高峰在 9 月 12 日。羽化时间与寄主果实适宜羽化的时间是一致的，约在果实成熟前一个月。因发现 *R. pomonella* 原先仅危害山楂，由此，苹果上的 *R. pomonella* 宗起源于山楂宗。1960 年以后，在樱桃上也发现有这种实蝇寄生，相信是由苹果宗演化而来的（Merrell，1981）。

Nosil 等（2002）、Nosil（2007）报道，无飞行能力的竹节虫 *Timema cristinae* 寄生在两种植物上，分别为鼠李 *Ceanothus spinosus*（鼠李科 Rhamnaceae）和田下蓟 *Adenostoma fasciculatum*（蔷薇科 Rosaceae）。前一种植物是乔木状，叶子较大；后一种植物是灌木，叶子针状。调查发现，寄生在鼠李上的竹节虫相对较大，体色较单一且明亮，而寄生在另一种植物上的个体相对较小，身体上斑纹较多。它们能杂交，但在选择配偶时有一定的选择性。Sandoval 和 Nosil（2005）进一步分析了也寄生于这两种植物的两种竹节虫 *T. cristinae* 和 *T. podura* 以及它们不同的生态型在形态、交配、寄生习性、天敌等的不同，认为它们是因选择作用下寄生于不同的植物所造成的。Berlocher 和 Feder（2002）对植食性昆虫及同域种化问题有过深入讨论和分析，并举出了若干事例。戴华国和孙丽娟（2002）对寄主植物对植食性同域昆虫种下分化和新种形成的影响有过综述，其作用主要有影响寄主的通讯、生长发育和产卵场地等各方面。

　　既然寄生于植物的动物可以同域种化，那么寄生动物的寄生虫情况如何呢？有人报道，在社会性昆虫中有一类是寄生性的，它们只有雄虫和产卵雌虫，没有类似于工蜂或工蚁的品系。它们寄生于其他社会性昆虫的巢中，靠别种的工蜂或工蚁饲养。如果能够证明这种寄生性的昆虫与寄主是姐妹群关系，也就可确证它们是同域种化的。然而这并不容易，但偶尔也人报道这样的现象（Berlocher，2003）。Savolainen 和 Vepsäläinen（2003）通过构建分子系统树认为在蚂蚁 *Myrmica* 中有这样的现象。

　　Sorenson 等（2003）研究了一些窝寄生鸟类 *Vidua* spp. 的种化现象。与布谷鸟 *Cuculus canorus* 只有雌性欺骗寄主不同，这些鸟类的雌雄都寄生在别的鸟巢中，小鸟的嘴形和颜色与寄主的很相似，而雄性成鸟的叫声也模仿寄主的叫声，雌鸟利用叫声来识别雄鸟。分子标记表明，寄生鸟与寄主在核基因上非常一致，而线粒体基因有所不同，表明它们分化的时间不长。

　　Seehausen 等（1997）报道，东非维多利亚湖（Victoria Lake）中的丽鱼 *Pundamilia pundamilia* 和 *P. nyererei* 在自然光照射下，体色明亮，而如果在单色橘红光照射下，体色灰暗且不同种的雄性体色相近，给雌性选择配偶造成混乱。可见性选择在同域种化中有重要作用。

　　Verheyen 等（2003）报道维多利亚湖有 500 多种的丽鱼 Cichlidae，而它们的祖先是从 Kivu 湖迁移过来的。它们是在性选择、自然选择和生态位分化的共同作用下逐渐演化而成现今的状况。

　　但也有人（Savolainen et al.，2006）提出，如果要说明某个现象为同域种化必须提出几项证据：证实两个种是同域、是姐妹关系、生殖上要隔离，在种化初期几乎不可能是异域的。而要证明以上几项十分困难（如以上的例子中，不同物种之间的姐妹群关系就不能确证），真正观察到的同域种化事件并不多。

　　Barluenga 等（2006）提出，他们的发现是第一个真正的令人信服的同域种化事件。在尼加拉瓜的 Apoyo 火山湖泊中有两种丽鱼 *Amphilophus zaliosus* 和 *A. citrinellus*，后者是该地区常见种类，个体较大，而前者是在距今约一万年左右的时间内由后者演化而来的。分子证据表明，它们的关系最近，且该湖中的丽鱼只起源过一次。生态学和生物学研究表明，它们在各方面都有不同，是明白无误的两个物种。但这一结果遭到 Schliewen 等（2006）的质疑，认为他们的理论中并不能排除基因多次入侵的可能性。

　　Savolainen 等（2006）报道了植物同域种化的例子。大洋洲附近的 Lord

Howe 岛上有两种特有的棕榈树（*Howea* 属），它们是姐妹种，而小岛是在距今 690 万年左右才形成的，那么它们肯定就是在这期间分化成两个种的。野外调查显示这两种植物在开花时间上是分开的，这与它们的土壤偏好有关。此外，基因组分析显示：少数几个基因的种间差异大于在中性状况下的预期值。这样的结果符合在分裂性选择压力下同域种化的理论模型。Stuessy（2006）对此有疑问，认为这种情况可能只是异域物种形成，因为环境有多次改变。Jiggins（2006）认为同域种化的可能性不高。

2）多倍体生物

现在已经知道多倍化是促进植物进化的重要力量。在蕨类植物中多倍体种类可能占 97% 左右。在被子植物中，估计多倍体频率为 30%～35%，也可能为 47%，而现在则认为大约有 70% 的种类在其进化过程中经历过一次或多次多倍化（孙静贤等，2005）。Otto 和 Whitton（2000）估计植物中有 2%～4% 是通过这种方式形成的。多倍体动物较少见，但在昆虫、鱼类、两栖类、爬行动物和哺乳动物中也有发现（Gallardo et al.，1999）。

在生物中，多倍体的形成有两种方式：同源多倍体（autopolyploid）和异源多倍体（allopolyploid），前者指多倍体的染色体来自于同一物种，而后者指不同生物的染色体融合到一个物种中。

美国的虎耳草 *Heuchera grossulariifolia* 有两个品种：一个为二倍体；另一个为四倍体。后者是前者通过染色体加倍形成的，但两者对土壤的要求有区别，外部形态也有不同，四倍体较高大强壮。

亚婆罗门参属内有好几个双倍体植物，如 *Tragopogon dubius*，也有异源四倍体植物 *Tragopogon mirus*，而它可能是在不到 100 年的时间内演化而成的（Cook and Soltis，1999）。

萝卜甘蓝 *Raphanobrassica* sp.（$2n=36$）是由萝卜 *Raphanus sativus*（$2n=18$）与甘蓝 *Brassica oleraceae*（$2n=18$）杂交并染色体加倍后形成的。这种情况就是异源多倍体形成方式。在某些情况下，不同二倍体植物杂交并经多倍化形成的杂种四倍体可以与第三个二倍体种杂交，产生的三倍体再经加倍就形成了六倍体，其中包含了三个二倍体种的染色体组，普通小麦 *Triticum aestivum* 就是一例。玉米 *Zea mays* 也是多倍体植物。

动物中的多倍体成种现象：

美国的灰树蛙 *H. chrysoscelis*（$2n=24$）是二倍体，与之同域的另一种树蛙 *H. versicolor*（$4n=48$）据信是由前者通过染色体加倍形成的（Hillis et al.，1987）。

大熊猫 *Ailuropoda melanoleuca* 有 $2n=42$ 条染色体，但其中有三条染色体是单臂的。而据认为是熊科中最原始的马来熊 *Helartos malayanus*（$2n=74$）染色体可能是从食肉目动物（$2n=42$）的基础上通过染色体裂开和倒位而产生的，在熊科动物（如大熊猫）中染色体又发生了愈合，形成了现在的情况（Tian et al.，2004）。

15.2.3 邻域物种形成

此模式由 Bush（1975）提出，指在没有地理隔障的情况下，祖种的两个子种在相邻的地区各自形成新种的现象和方式（图 15.5）。与同域物种形成事件一样，这种模式要回答基因如何隔离的问题。也有学者认为这种模式与同域物种形成无异（Mayr，1982）。Gavrilets 等（1998）用计算机模拟领域种化，结果表明，邻域物种形成在理论上是可行的。

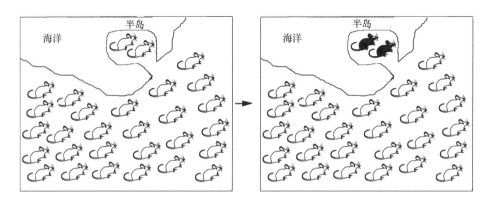

图 15.5 邻域种化模式图

在相邻地域内没有隔障情况下的物种形成事件

一般认为，典型的邻域物种形成可以发生在如下两种情况下：一是在强烈的分裂性选择作用；二是在环境因子呈梯度变化，而生物的适应能力有阈值的情况下。

1）分裂性选择作用下的物种形成

分裂性选择，是指选择作用于中间态的表型，而有利于极端的表型。这种现象的典型例子是矿区杂草的演化。威尔士地区的矿渣上生长有好几种杂草，如 *Agrostis tenuis*、*Anthoxanthum odoratum* 和 *Plantago lanceolata*，在附近没受污染的正常土壤上生长有不耐重金属的生态型，它们在形态和生理方面都有不同（Cook et al.，1972）。

Rundle 等（2000）发现，不同湖泊中的刺鱼 *Gasterosteus aculeatus* 都是两种类型：生活于开阔水域的小型个体与生活于岸边的大型个体，这是自然选择的结果，因为有捕食性鱼类存在，大型个体在开阔水域不易存活。

2）环境因子梯度改变下的物种形成

想象这么一个情景：在山坡上，由低到高，温度是逐渐变低的。如果有一鸟类种群的卵只适合在某一温度之上才能孵化，而另一种群的卵只在这一温度之下孵化，这样就可以分隔为相邻的两个种群，就有可能演化为不同的物种或生态型。

Korol 等（2000）报道，在以色列有一山谷。其朝阳一面干燥温暖，而背阴的一面湿润阴冷。将从这两个山坡采集到的黑腹果蝇 *Drosophila melanogaster* 进行杂交试验，发现它们在选择配偶时有明显偏向性，即只找自己种群中的异性交配而忽略另一种群的异性。基因中的中性位点显示，在自然状况下它们有相当规模的基因交流，但即使是在这种情况下，分化仍在进行。

以上所述的三种物种形成模式只是理论上的说明，实际在现实中有时很难确定某一物种形成事件到底属于哪一类。例如，那些活动能力极弱（如穴居、土栖、不能飞翔等）的生物的进化过程，它们的分布范围极为有限，往往是一个家族或几个家族生活在一定的区域内，与邻近的其他种群之间很难有基因交流，有时确实很难区分它们是同域、邻域或异域分布的。再如，人身上的虱子有三个类型：人虱 *Pediculus humanus* 和耻阴虱 *Pthirus pubis*，人虱又分为两亚种，即生长于身体上的人体虱 *P. humanus corporis* 和生长于头发上的人头虱 *P. humanus capitis*，请问它们的分布是属于哪个类型？

16 物种灭绝

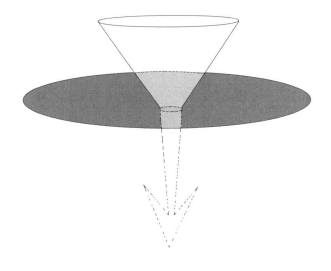

　　物种有形成也有灭绝。然而对生物灭绝的研究却十分困难。因为既然是灭绝的生物也就是不存在的生物,对于不存在的生物、无法观察的现象或无法证明的理论,科学也无能为力。因而在很大程度上,对生物灭绝的研究主要集中在两方面:一是化石生物;二是可控条件下或可观察条件下生境破坏对生物的影响。前者主要是古生物研究的领域,后者主要是生物多样性和生态学研究的内容。而对未能保存于化石中的灭绝生物或没有观察到的灭绝事件我们人类根本无法做出较准确的估算。然而,形成化石的概率很小、能观察到的灭绝事件也十分稀少,故我们对生物灭绝事件及其效应、规模、速度、程度等的认识可能与事实相差极远。据估计,地球上的生物曾有 40 亿种之多,而现在所知的物种才近 200 万种,地球现存的物种数量最多也不过几千万种 (Raup,1986),所以与物种形成一样,物种灭绝可能是很平常的事件 (图 16.1)。

图 16.1　已灭绝生物——三叶虫的化石

16.1　近现代有案可查的物种灭绝事件示例

　　当我们看到大熊猫、朱鹮、老虎、麋鹿这些动物的时候,紧接着往往还会想到它们是如何珍贵、如何稀少。这说明它们都是十分濒危的动物,也可以说,是正在走向灭绝的生物 (图 16.2)。有记载以来,已确认灭绝的生物有很多。Reid 和 Miller (1989) 统计,1600～1983 年灭绝的生物至少有 724 种,其中,植物 384 种 (表 16.1)。而据 Smith 等 (1993) 的统计,1600 年以来灭绝的动物有 491 种,植物有 599 种 (表 16.2)。

老虎　　　　扬子鳄

白暨豚

丹顶鹤　　　朱鹮　　　鸳鸯

图 16.2　我国较著名的濒危动物示例

表 16.1　1600～1983 年灭绝的生物数目（Reid and Miller，1989）

类群	面积大于 100 万 km² 的陆地	面积小于 100 万 km² 的陆地	海洋	灭绝生物总计	物种总数	1600 年以来灭绝物种的比例/%
哺乳动物	30	51	2	83	4 000	2.1
鸟类	21	92	0	113	9 000	1.3
爬行动物	1	20	0	21	6 300	0.3
两栖类	2	0	0	2	4 200	0.0
鱼类	22	1	0	23	19 100	0.1
北美洲和夏威夷地区的无脊椎动物	49	48	1	98	1 000 000＋	0.0
维管植物（包括亚种和变种）	245	139	0	384	250 000	0.2
总计	370	351	3	724		

表 16.2　1600 年以来有记录的生物物种灭绝数量（Smith et al.，1993）

地区	灭绝的生物物种数量	
	动物	植物
北美洲和加勒比海	120	127
南非	2	19
欧洲及其附近英联邦独立国家	6	35

续表

地区	灭绝的生物物种数量	
	动物	植物
北非和中东	2	5
撒哈拉南部非洲	2	45
亚洲	13	26
澳大利亚及其附近	40	185
太平洋岛屿	169	118
印度洋岛屿	75	36
大西洋岛屿	42	9
南极洲及其附近岛屿	7	1
岛屿总计	367	219
大陆总计	124	380
合计	491	599

在我国，较著名的例子有华南虎，现在确认只能在动物园中才能见到；白鱀豚曾经广布于长江中，但在近几十年尤其是近 20 年未曾有任何目击记录。

人类所确认的最后一次见到渡渡鸟 *Raphus cucullatus* 是 1662 年，而这也是时隔 24 年后的再次见到。在这之后，人类再也没有见到过此鸟（Roberts and Solow，2003）。

在南部非洲，蓝马羚 *Hippotragus leucophaeus* 于 1800 年灭绝，疣猪 *Phacochoerus aethiopicus aethiopicus* 灭绝于 1860 年，斑驴 *Equus quagga* 灭绝于 1870 年。还有更多生物数量已十分稀少（表 16.3）。

表 16.3　南部非洲大型濒危物种（DeGeorges and Reilly，2009）

物种	年份	数量
非洲象 *Loxodonta africana*		
南非	20 世纪 20 年代	120
津巴布韦	1900	< 4000
纳米比亚	1900	300
白犀牛 *Ceratotherium simum*	1895	20
山地斑马 *Equus zebra zebra*	1922	400
白腹狷羚 *Damaliscus dorcas dorcas*	1927	120
白尾角马 *Connochaetes gnou*	1890	550

16.2 常 规 灭 绝

从化石记录来看，远古时代生物灭绝的种类更多，较著名的例子有恐龙、始祖鸟等。根据进化论，在生存竞争中失败的或者说不适应环境的生物被淘汰也是很自然的事。Raup（1994）分析了 17 500 属海洋化石生物存在的时间，发现存在时间最长的属也才 1.6 亿年，物种的平均存在时间为 400 万年。McKinney（1997）综合多种资料，详细分析了多种生物物种存在的时间，发现海洋生物明显要比陆地生物生存时间长。在陆地生物中，大型动物物种存在的时间普遍较短（表 16.4）。Raup 和 sepkoski（1982）称常规灭绝或"背景灭绝"的速度为每百万年 8 科。

表 16.4 化石物种的寿命（McKinney，1997）

分类单元	物种寿命或存在时间/百万年
海洋生物	
礁珊瑚（reef coral）	25
双壳类软体动物（bivalve）	23
底栖有孔虫（benthic foram）	21
苔藓虫（bryozoa）	12
头足类软体动物（gastropod）	10
浮游有孔虫（planktic foram）	10
海胆（echinoid）	7
海百合（crinoid）	6.7
非海洋生物	
单子叶植物（monocot plant）	4
马（horse）	4
双子叶植物（dicot plant）	3
淡水鱼类（freshwater fish）	3
鸟类（bird）	2.5
哺乳动物（mammal）	1.7
灵长类（primate）	1
昆虫（insect）	1.5

注：表中的无脊椎动物除昆虫外指海洋生物，数字取各种估计值的中间值。

16.3 大 灭 绝

Raup 和 sepkoski（1982）对海洋生物科的多样性在地质历史中的存在有过

分析。他们发现在近 3300 科中有约 2400 种已灭绝了。仔细分析这些灭绝事件与时间的对应关系并对它们进行分类标识和统计后，他们认为在地质历史中发生过 5 次大灭绝事件（mass extinction），其中有 4 次相当显著，平均每百万年有 19.6 科灭绝。这 5 次大灭绝事件分别发生在晚奥陶纪、晚泥盆纪、晚二叠纪、晚三叠纪、晚白垩纪（图 16.3）。分析所显示的另一个有趣现象是生物的灭绝速度似乎是减小的，这可能是随着进化生物适应性提高所造成的。

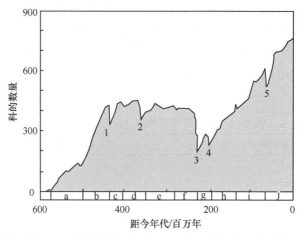

图 16.3　通过分析海洋化石动物科的资料而显示的地质历史上发生的 5 次大灭绝事件

（Raup and sepkoski 1982）

图中百分数表示在主要的地质时代中灭绝的物种数目所占比例。1. 晚奥淘纪（−12%）；2. 晚泥盆纪（−14%）；3. 晚二叠纪（−52%）；4. 晚三叠纪（−12%）；5. 晚白垩纪（−11%）

a. 寒武纪；b. 奥陶纪；c. 志留纪；d. 泥盆纪；e. 碳纪；f. 二叠纪；g. 三叠纪；h. 侏罗纪；i. 白垩纪；j. 第三纪

　　Raup（1994）提到，已记载的化石物种约 25 万个，分布于约 4000 科 35 000 属中，其中约四分之三的物种是灭绝了的生物。用其中的海洋化石生物（17 500 属）做分析，发现属的存在时间长度为 2800 万年，最长的为 1.6 亿年。

　　根据 Raup 和 Sepkoski（1982）及 Raup（1994）的数据可以看出，以晚二叠纪的灭绝事件最宏大，有超过一半的海洋动物科消失了，如果以属或种来计，则更为严重，占总数 96% 的种灭绝了（表 16.5）。

表 16.5　化石记录所显示的 5 次大灭绝事件（Raup and Sepkoski，1982；Raup，1994）

大灭绝事件发生的地质时代	距今年代/百万年	绝灭的海洋动物物种的比例/%	绝灭的海洋动物科的比例/%
晚奥陶纪（Late Ordovician）	439	85	12
晚泥盆纪（Late Devonian）	367	82	14

大灭绝事件发生的 地质时代	距今年代/百万年	绝灭的海洋动物 物种的比例/%	绝灭的海洋动物科 的比例/%
晚二叠纪（Late Permian）	245	96	52
晚三叠纪（Late Triassic）	208	76	12
晚白垩纪（Late Cretaceous）	65	76	11

Benton（1995）又分析了 7186 个科级化石分类单元在地质历史中的分布情况。结果显示，灭绝事件在地质历史上发生得很频繁。对它们的程度和规模进行分析后，他认为上述 5 次大灭绝事件是存在的，并给出了海洋和陆地生物灭绝的数值（表 16.6）。

表 16.6 化石记录所显示的 5 次大灭绝事件（Benton，1995）

大灭绝事件发生的 地质时代	绝灭的海洋动物科 的比例/%	绝灭的陆地生物科 的比例/%	绝灭的所有生物科 的比例/%
晚奥陶纪	24.4	0	22.9
晚泥盆纪	28.6	52.7	33.1
晚二叠纪	48.6	62.9	60.9
晚三叠纪	25.5	25.4	30.1
晚白垩纪	14.7	8.6	13.8

注：数据取最大值的平均数。

16.4 容易灭绝的生物体本身因素

引起灭绝的原因是什么？归结起来讲，其原因不外乎两个方面：外部的和内部的。外部原因是指生物体外的环境因素，如自然灾难、气候变化等。而内部原因是指生物体或种群本身的因素。有很多人对引起灭绝的生物体本身的因素有过总结，如 McKinney（1997）整理了很多文献的记载，发现无论是对现生生物的研究还是化石记录都表明，引起灭绝的内部因素有生物体太特化、狭温性、食性单一、营养价值高以及个体大等。在种群水平，数量少、密度低以及分布狭窄的生物物种容易灭绝（表 16.7）。当然这两个方面往往有关联，如个体大的生物往往成熟时间长、怀孕期长、数量增长率低、数量少、分布狭窄等。用生态学上的观点，在较大范围内、较大尺度上或较高级分类单元之间相比，符合 K-选择特点的生物（如大象）比符合 r-选择的生物（如老鼠）相对容易灭绝。

表 16.7　不同文献中所涉及的容易引起灭绝的生物体本身特征（McKinney，1997）

特征	现代灭绝	化石灭绝
个体特征（individual trait）		
特化（specialization）	++	++
狭温性（stenothermy）	++	++
食性专一（specialized diet）	++	++
营养价值高（high trophic level）	++	++
共生（symbiotic）	++	+
个体大（large body size）	++	++
低生殖率（low fecundity）	++	+
寿命长（long-lived）	++	+
生长发育缓慢（slow growth/development）	++	+
形态复杂（complex morphology）	+	++
行为复杂（complex behavior）	+	+
移动能力低（limited mobility）	++	—
迁徙（migratory）	++	—
水生生物（aquatic biotas）		
浮游（planktic）	+	++
表层（epifaunal）	+	++
滤食性（filter-feeder）	+	++
粗滤食性（coarse-filter feeder）	—	+
幼虫非底栖（non-benthic larvae）	+	+
幼虫非群集（non-brooding larvae）	—	+
种群多度特征（abundance trait）		
低平均数量（low mean abundance，K）	++	++
分布较狭窄（localized range）	++	++
低密度（low density）	++	++
数量变动剧烈（high abundance variation）	++	+
内禀增长率低（low intrinsic growth，r）	++	—
季节性群集（seasonal aggregation）	++	—
遗传变异弃低（low genetic variation）	++	—
水生生物（aquatic biotas）		
建群个体少（如珊瑚）[small colonies (corals)]	—	+

注：++表示有多篇文献提及，+表示至少有一篇文献提及，—表示没有提及。

　　一个典型案例是澳大利亚所有体重在 60kg 以上的陆生哺乳动物都灭绝了，75％体重在 10kg 以上的动物也都消失了，包括袋狮 *Thylacoleo carnifex*、大型蜥蜴和鳄鱼以及塔斯马尼亚虎 *Thylacinus cynocephalus*（Redford，2002）。Cardillo 等（2005）分析了近 4000 种陆生哺乳动物的资料，其中包含体重仅 2g 的蝙蝠至 4000kg 的大象，选择 6 个参数（分布范围大小、人口密度、外部影响水平、种群密度、孕期、断奶年龄）进行校验，结果显示体重大小对哺乳动物的生存或灭绝的影响极大，其阈值大约为 3kg，即体重在此数值之上的生物灭绝或濒危的概率大增（图 16.4）。

由此，笼统地可以这样讲，环境改变导致了生物灭绝，在某些时候甚至可以导致大量生物同时灭绝。而同时由于生物本身适应不同环境而造就了不同的适应特征和行为，其应对环境改变的能力也不同，有些生物因而相对容易遭受灭绝。

结合外部环境和内部因素，可以推论出陆生生物比海洋生物相对容易灭绝（因海洋环境变化相对较小）、分布狭窄的生物比分布广的生物容易灭绝、水生生物比陆地生物相对生存时间要长（因水的缓冲作用）、小型动物相对不容易灭绝、大陆上的生物比岛屿上

图 16.4　体重与濒危程度关系展示
大象身体大，但数量少；
老鼠身体小，但数量众多

的生物相对不容易灭绝（表 16.2）、内温动物比外温动物容易灭绝、迁移能力强的比迁移能力弱的生物相对不容易灭绝等。但在现代，由于人类活动影响，这些一般性规律往往不太容易呈现，如在现代岛屿往往成为很多孑遗生物的避难所。

16.5　可能引起灭绝的外部因素

生物自身因素可能比较容易解释短时期内"背景灭绝"，但可能无法解释大灭绝事件。因为在这些灭绝事件中消失的生物大多生活了以百万年计的很长时间。在这些时间内，它们可能已经具备了相当好的适应能力，不太容易被淘汰。至少，它们不可能在全球范围内都被集体淘汰。在较短的时间内发生规模宏大的灭绝事件可能有其他的外部环境因素。

晚白垩纪的大灭绝研究得较好，因为化石标本较多，离现在时间也最短。Russell（1979）综述过引起这一大灭绝过程中恐龙的灭绝原因，其中包括营养物质的改变（海洋中浮游植物的减少）、海平面下降、气温下降、大规模火山爆发、地外星体撞击地球、太阳活动活跃引起紫外线大量增加、电离辐射增加、超新星爆发、太阳系活动异常等。仔细分析这些原因，它们要不效应可能太短（如火山爆发、海平面下降），对持续了以万年计的灭绝事件可能影响不大；要不周期太长（如太阳活动、行星撞击等），地球上的生物可能早就适应了它们的变动，发

生的概率也太小。

McLean（1978）提出，在中生代中有一个短暂的气温上升过程，持续时间可能要以万年或十万年计。由于气温上升，溶解于海水中的二氧化碳等温室气体大量释放到空气中，使气温更加恶化。而大型动物，如恐龙等由于身体庞大而表面积相对较小，不太适应温热环境因而被淘汰。

Gartner 和 McGuirk（1979）则提出，由于北极附近的海水浓度低，如果其大量释放（如气温上升引起）就会浮在其他海水的上层，这会引起一系列的效应，如溶解氧变化等，这可能是引起生物大灭绝的原因之一。

Alvarez 等（1980）分析来自意大利、丹麦和新西兰深海岩石中铱元素的含量，发现它们明显要高于正常值，其数值要高出 20 倍以上，而这些石头形成的年代正好是中生代时期。因而认为，这些石头肯定来自地外星体，故提出晚白垩纪的生物大灭绝可能是地球与其他小星体撞击的结果。

以上这些因素可能也会综合起来发生效果，其影响可能更加宏大。

灭绝或大灭绝有无规律性？如果其有规律性则原因就相对容易寻找。很早就有人提出（如与达尔文同时期的 Lyell）生物灭绝事件尤其是较大的灭绝事件是呈规律性出现的，它们之间的间隔时间为 2600 万～3200 万年（Raup，1986）。但 Benton（1995）的分析结果表明，大灭绝事件之间的间隔时间为 2000 万～6000 万年不等，似乎看不到任何规律性。

16.6　灭　绝　效　应

生物灭绝所产生的效应有两种。一是灭绝的生物是生存竞争的失败者，它们的退出是自然选择的结果，是生物进化的一部分，无所谓好坏。正是在对相同或相似生态位争夺过程中失败了它们才会灭绝，而竞争中的胜利者则会独享其生态位。但是，这一种意见可能不能解释如下的一些现象：一些灭绝的生物（如恐龙）与其后的继承者（如哺乳动物）的存在时间是有重叠的且时间可以百万年计。对于这么长时间共享同一地球的生物来说，它们的竞争结果似乎不应该导致灭绝，因为大家都适应了双方的共存。从进化的角度来年，生物数量从共同祖先开始是不断增加的，新的特征是不断出现的，不同生物竞争的结果应该不会太激烈。另外，生物的演化是在不断适应和开拓新环境的过程中进行的，如从水生到陆生、从地面到空中等，而这些地区的生态位应该起先是空的，竞争程度应该不大。

对灭绝效应的另一种解释是灭绝是生物进化过程中的积极因素。正是因为有灭绝事件特别是大灭绝事件的存在，而使生态位大量空置，在大灭绝中幸存下来的生物因而获得了发展的机遇和大量原先没有的生态位，故而能蓬勃发展演化，如晚白垩纪恐龙灭绝后哺乳动物的大量出现和繁盛。

16.7　当前人类影响下的生物灭绝

　　Smith 等（1993）对人类影响下的生物灭绝情况有过很好的综述。数据显示，自工业革命以来，生物灭绝事件快速增加。虽然 1950 年以后情况略有好转，但这也可能是我们对灭绝事件的定义放宽了的原因：现在要 50 年未有任何报道或目击证据的情况下才会宣布某物种灭绝（图 16.5）。

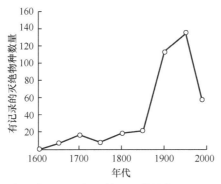

图 16.5　1600 年以来灭绝的物种数量及其趋势（Smith et al.，1993）

　　从不同生物门类来看，植物和高等动物灭绝得较多。当然这也可能与对它们的研究较详细、信息较准确有关（表 16.8）。总体来看，目前生物灭绝的速度是惊人的，有些学者用"大灭绝"来形容目前的危机程度。

表 16.8　1600 年以来记录的不同生物门类灭绝的物种数目（Smith et al.，1993）

分类单元	灭绝的物种数目	该门类大约拥有的物种数目/×10³	灭绝物种数目所占比例/%
动物			
珊瑚（刺胞动物）	1	1	0.01
软体动物	191	100	0.2
甲壳动物	4	4	0.01
昆虫	61	1200	0.005
鱼类	29	24	0.1
两栖动物	2	3	0.07
爬行动物	23	6	0.4
鸟类	116	9.5	1.2
哺乳动物	59	4.5	1.3
合计	486	1400	0.04

续表

分类单元	灭绝的物种数目	该门类大约拥有的 物种数目/×10³	灭绝物种数目所占 比例/%
植物			
拟蕨植物	4	1.6	0.3
真蕨类	12	10	0.1
裸子植物	2	0.758	0.3
单子叶植物	120	52	0.2
单子叶植物（棕榈）	4	2.82	0.1
双子叶植物	462	190	0.2
合计	600	240	0.3

相对于已灭绝的生物，目前受到威胁、正在遭受灭绝的生物种类和比例则更加惊人。对这方面，不同的学者有不同的估计，但总体数目都较大，且呈加速趋势。其中，植物因种类相对较少，受到威胁的种类比例则更高（表16.9、表16.10）。

表 16.9　热带地区各种可能的物种灭绝速度及数目（Lugo，1988）

估计灭绝速度	时期	灭绝物种数目	灭绝物种所占比例/%
1天1种至1小时1种	1970～2000年		33～50
	20世纪末或21世纪初	100万	20～50
每十年几十万种	20世纪末	50万至几百万	25～30
	20世纪末		15（植物种），2（植物科）
	20世纪末	50万至75万	25～30
	21世纪		33
	21世纪前25年		20～25

表 16.10　当前不同生物门类可能将遭受灭绝的物种数目及比例（Smith et al.，1993）

分类单元	濒危物种数目	该门类大约拥有的 物种数目/×10³	濒危物种数目所占 比例/%
动物			
软体动物	354	100	0.4
甲壳动物	126	4	3
昆虫	873	1 200	0.07
鱼类	452	24	2

续表

分类单元	濒危物种数目	该门类大约拥有的 物种数目/×10³	濒危物种数目所占 比例/%
两栖动物	59	3	2
爬行动物	167	6	3
鸟类	1 029	9.5	11
哺乳动物	505	4.5	11
合计	3 565	1 350	0.3
植物			
裸子植物	242	0.758	32
单子叶植物	4 421	52	9
单子叶植物（棕榈）	925	2.82	33
双子叶植物	17 474	190	9
合计	22 137	240	9

16.8　当前生物灭绝的主要原因

当前引起生物灭绝的因素主要是人类的影响。Lubchenhco（1998）对人类活动对地球的影响程度和原因有过描述。她认为由于人类主宰了地球而不是附属于地球，那么人类就不可避免地改变着地球。例如，人口的增长，对自然资源的无限需求和剥夺，农业、渔业、工业、娱乐业和国际商业发展在三个大的方面改变着地球。一是人类对土地的改造、造林、放牧、建城、开矿、捕捞和挖掘等活动物理性地改造着陆地和海洋；二是人类对碳、氮、水、化学合成物等的消费和释放改变着全球生物地球化学循环模式；三是通过渔猎、生物引种和生物入侵、改变生境等方式直接引起生物物种消失和灭绝。

人类改造地球的程度和后果主要表现在以下6个方面：①地球表面1/3～1/2的土地已经被人类活动改造；②自工业革命以来，大气中的二氧化碳浓度已经上升了30%；③人类的固氮能力已经超过自然；④可以到达的淡水水体中超过1/2已经被人类利用；⑤大约1/4的鸟类走向灭绝；⑥大约2/3的海洋鱼类增长量已经被全部捕捞或过度捕捞甚至衰退。更令人不安的是改变仍在持续进行，甚至不断有新的改变方式出现。

人类对区域性生物多样性的影响主要表现在三个方面：引进外来物种、破坏或使生境退化和直接影响（如渔猎、捕捞等）。

Gurevitch 和 Padilla（2004）利用世界自然保护联盟（IUCN）积累的生物灭绝或濒危及其原因的资料，分析各种引起灭绝的原因（表16.11）。虽然

Clavero 和 García-Berthou（2005）指出其引用的资料不准确，外来物种入侵才是最主要的原因，但我们从表 16.11 中也还是可以看出一些引起生物濒危或灭绝的主要原因的，尤其是上文提到的三个主要原因。

表 16.11　种群下降物种数量及其可能的原因（Gurevitch and Padilla，2004）

原因	物种数目	植物	鸟类
人类直接作用下的生境破坏及片段化（如砍伐森林、筑路和引水）	497	233	48
人类的直接利用（渔猎、采集、毒杀和捕获）	90	19	11
火灾或火烧	102	92	1
污染（除草剂、杀虫剂、油污等）	32	4	5
入侵的外来捕食者和食草生物	131	73	39
外来植物（竞争和间接生境影响）	431	410	19
野生及家养动物在与入侵生物竞争中被淘汰	67	0	14
野猪影响（食用、竞争和生境改变）	268	257	8
动物的食用和踩踏（如牛、羊、绵羊、马和驴等）	327	295	13
与外来生物杂交	22	5	0
疾病	33	3	23
寄生虫（生理和行为的）	3	0	2
其他待定原因	169	134	8
合计	930	602	68

岛屿生态学中有一个很重要的概念，就是岛屿的面积与物种数目之间有一定的相关性，它们之间的定量关系可以写成 $S=cA^z$（S 为物种数目；A 为面积；c 和 z 为常数，其数值取决于岛屿与大陆的距离、动物的迁移能力和种类等，c 值不太好估计，z 值一般为 0.20~0.35）。

如果假定 c 为 1，z 为 0.25，4 个岛屿的面积分别为 $10km^2$、$100km^2$、$1000km^2$、$10\,000km^2$，通过计算可以得出它们分别拥有 2 种、3 种、6 种、10 种生物物种。同样，用此公式可以来预测生境消失所造成的生物多样性损失程度。现假定全球的热带雨林中有 1000 万种生物，如果每年有 1％的面积消失，则损失的物种数目为 0.2％~0.3％，即每年有将近 2 万~3 万种生物灭绝。

新加坡面积只有 $540km^2$ 且开发时间相对较短，基本是近 200 年以来的事，生物多样性资料也比较丰富和详细。英国殖民者于 1819 年到达新加坡，在随后的 183 年中，此地 95％以上的森林已消失，目前只有 $24km^2$ 的林地。Brook 等（2003）详细分析了此地的生物多样性资料，发现新加坡生物多样性丧失速度惊人，适合于森林生活的蝴蝶、鱼类、鸟类和哺乳动物消失的比例为 34％~87％，其他如维管植物、竹节虫、十足目甲壳动物、两栖动物和爬行动物消失的比例则为 5%～80%，剩下的只占总面积 0.25% 的森林保存了超过 50% 的当地种，用模型拟合后推测，东南亚消失的物种比例可能达到 13%～42%（表 16.12）。

表 16.12　新加坡及东南亚物种灭绝程度（Brook et al.，2003）

分类单元	仅限于保护区的物种数目	仅限于保护区的物种所占比例/%	失去保护区后可能灭绝的物种比例/%	东南亚至 2100 年可能灭绝的物种比例/%
维管植物				12～44
十足目甲壳动物	13	81	87	14～50
竹节虫	33	100	100	9～38
蝴蝶	149	63	77	19～43
鱼类	21	60	77	21～58
两栖动物	19	76	78	3～41
爬行动物	59	50	52	2～25
鸟类	12	8	39	16～32
哺乳动物	12	46	69	21～48
平均	312	50	66	13～42

任何独立环境都可看做岛屿，因而生境破坏和生境片段化引起的生物灭绝现象在地球的任何地方每时每刻都在发生。更令人不安的是，从全球来看，宏观上人类生活的大陆都被海洋所包围，因此包括人类自己在内的所有生物所生存的大陆都也只是较大的岛屿罢了。过去、目前和将来东南亚岛国或任何小岛上正在发生或将要发生的可怕景象也许只是地球和人类正在承受或必将承受代价的缩影。地球在几十亿年中所创造的丰富多彩、精美绝伦、不可复制、活力无限的生物界将在它所创造的最伟大精灵物种的注视下衰退或消失。也许当人类还未能给出一个完美、客观、普世接受的物种定义的时候，猛然抬头或蓦然回首，却已经看不到绝大多数物种的存在！

参 考 文 献

陈磊，叶其刚，潘丽珠，等. 2008. 长江中下游湖泊两种混生苦草属植物生活史特征与共存分布格局. 植物生态学报，32 (1)：106-113.

陈灵芝，马克平. 2001. 生物多样性科学：原理与实践. 上海：上海科学技术出版社，308.

陈世骧. 1978. 进化论与分类学. 北京：科学出版社，51.

陈世骧. 1987. 进化论与分类学（第二版）. 北京：科学出版社，100.

戴爱云. 1988. 绒螯蟹属支序分类学的初步分析. 动物分类学报，13 (1)：22-26.

戴华国，孙丽娟. 2002. 寄主植物对植食性昆虫种下分化和新种形成的影响. 武夷科学，18：243-246.

高雪，刘向东. 2008. 棉花型和瓜型棉蚜产生有性世代能力的分化. 昆虫学报，51 (1)：40-45.

宫倩红，刘玉乐，洪益国，等. 2000. 导致田间烟草曲叶病的又一病毒（非中国烟草曲叶病毒）. 科学通报，45 (7)：718-723.

贺金生，陈伟烈. 1997. 陆地植物群落物种多样性的梯度变化特征. 生态学报，17 (1)：91-99.

洪健，叶恭银，邢连喜，等. 1999. 虎凤蝶属雄性外生殖器超微结构的比较. 昆虫学报，142 (14)：381-386.

李传隆. 1978. 中国蝶类幼期小志——中华虎凤蝶. 昆虫学报，21 (2)：161-163.

李恺，郑哲民. 1999. 棺头蟋属蟋蟀六种常见蟋蟀鸣声特征分析与种类鉴定. 昆虫分类学报，21 (1)：17-21.

刘怀，赵志模，邓永学，等. 2004. 竹裂爪螨毛竹种群与慈竹种群对不同寄主植物的适应性及其生殖隔离. 应用生态学报，15 (2)：299-302.

路义鑫，宋铭忻，李树声. 2001. 旋毛虫各隔离种杂交试验. 中国兽医杂志，37 (8)：14-18.

罗礼溥，郭宪国. 2007. 云南医学革螨数值分类研究. 昆虫学报，50 (2)：172-177.

马杰，Metzner W，梁冰，等. 2004. 同地共栖四种蝙蝠食性和回声定位信号的差异及其生态位分化. 动物学报，50 (2)：145-150.

孟津，王晓鸣. 1989. 系统发育系统学——对现代系统生物学的理解与探讨. 古脊椎动物学报，27 (2)：147-152.

孙红英，周开亚，杨小军. 2003. 从线粒体 16S rDNA 序列探讨绒螯蟹类的系统发生关系. 动物学报，49 (5)：592-599.

孙静贤，丁开宇，王兵益. 2005. 植物多倍体研究的回顾与展望. 武汉植物学研究，23 (5)：482-490.

孙绪艮，徐常青，周成刚，等. 2000. 针叶小爪螨不同种群在针叶树和阔叶树上的生长发育和繁殖及其生殖隔离. 昆虫学报，43 (1)：52-57.

同号文. 1995. 有关物种概念与划分中的一些问题. 古生物学报，34 (6)：761-776.

吴汝康. 1994. 直立人研究的现状——纪念裴文中北京猿人第一个头盖骨的发现. 第四纪研究，(4)：316-322.

伍德明. 1982. 四种松毛虫对性外激素成分及其类似物的触角电位反应. 森林病虫通讯，(1)：24.

夏绍湄. 2001. 贵州茶园异色瓢虫色型及不同色型间生殖隔离试验. 茶叶通讯，(1)：42-43.

谢令德，郑哲民. 2005. 三种片蟋性发声器的比较研究. 动物分类学报，30 (1)：10-13.

熊治廷，陈心启. 1998. 中国萱草属（百合科）的数量细胞分类研究. 植物分类学报，36 (3)：206-215.

张茜，杨瑞，王钦，等. 2005. 基于叶绿体 DNA trnT-trnF 序列研究祁连圆柏的谱系地理学. 植物分类学报，43（6）：503-512.

张颖，孙大江，刘红柏. 2006. 3 种鲟血清蛋白的比较研究. 大连水产学院学报，121（13）：283-286.

周长发. 2009. 生物进化与分类原理. 北京：科学出版社，302.

周红章. 2000. 物种与物种多样性. 生物多样性，8（2）：215-226.

周雪平，彭燕，谢艳，等. 2003. 赛葵黄脉病毒：一种含有卫星 DNA 的双生病毒新种. 科学通报，48（16）：1801-1805.

朱文杰，汪杰. 1994. 发光细菌一种新种. 海洋与湖泊，25（3）：273-279.

Adams D C. 2004. Character displacement via aggressive interference in appalachian salamanders. Ecology，(10)：2664-2670.

Agapow P M，Bininda-Emonds O R，Crandall K A，et al. 2004. The impact of species concept on biodiversity studies. Quarterly Review of Biology，79：161-179.

Aguilar J F，Roselló J A，Feliner G N. 1999. Molecular evidence for the compilospecies model of reticulate evolution in *Armeria* (Plumbaginaceae). Systematic Biology，48：735-754.

Alvarez L W，Alvarez W，Asaro F，et al. 1980. Extraterrestrial cause for the cretaceous-tertiary extinction. Science，208 (4448)：1095-1108.

Alvarez N，Mercier L，Hossaert-Mckey M，et al. 2006. Ecological distribution and niche segregation of sibling species：the case of bean beetles，*Acanthoscelides obtectus* Say and *A. obvelatus* Bridwell. Ecological Entomology，31：582-590.

Avise J C，Ball R M. 1990. Principles of genealogical concordance in species concepts and biological taxonomy. *In*：Futuyma D，Antonovics J. Oxford Surveys in Evolutionary Biology. Oxford：Oxford University Press，45-67.

Ayala F J，Tracey M L. 1974. Genetic differentiation within and between species of the *Drosophila willistoni* Group. Proceedings of the National Academy of Sciences of the United States of America，71 (3)：999-1003.

Baker R J，Bradley R D. 2006. Speciation in mammals and the genetic species concept. Journal of Mammalogy，87 (4)：643-662.

Ball S L，Hebert P D N，Bruian S K，et al. 2005. Biological identifications of mayflies (Ephemeroptera) using DNA barcodes. Journal of the North American Benthological Society，24 (3)：508-524.

Barluenga M，Stölting K N，Salzburger W，et al. 2006. Sympatric speciation in nicaraguan crater lake cichlid fish. Nature，439：719-723.

Barrington D，Christopher H H，Werth C R. 1989. Hybridization，reticulation，and species concepts in the ferns. American Fern Journal，79 (2)：55-64.

Baum D A，Donoghue M J. 1995. Choosing among alternative "phylogenetic" species concepts. Systemaic Botany，20：560-573.

Benton M J. 1995. Diversification and extinction in the history of life. Science，268 (5207)：52-58.

Berlocher S H. 2003. When houseguests become parasites：sympatric speciation in ants. Proceedings of the National Academy of Sciences of the United States of America，100 (12)：7169-7174.

Berlocher S H，Feder J L. 2002. Sympatric speciation in phytophagous insects：moving beyond controversy? Annual Review of Entomology，47：773-815.

Blackwelder R E. 1967. Taxonomy：A Text and Reference Book. New York：Wiley，698.

Boake C R, Price D K, Andreadis D K. 1997. Inheritance of behavioural differences between two interfertile, sympatric species, *Drosophila silvestris* and *D. heteroneura*. Heredity, 80: 642-650.

Bock W J. 2004. Species: the concept, category and taxon. Journal of Zoological Systematics & Evolutionary Research, 42: 178-190.

Bradley R D, Baker R J. 2001. A test of the genetic species concept: cytochrome-b sequences and mammals. Journal of Mammalogy, 82 (4): 960-973.

Brenner D J, Staley J T, Krieg N R. 2001. Classification of procaryotic organisms and the concept of bacterial speciation. *In*: Boone D R, Castenholz R W. Bergey's Manual of Systematic Bacteriology. Berlin: Springer-Verlag, 27-31.

Britton-Davidian J, Catalan J, Da Graca Ramalhinho M, et al. 2000. Rapid chromosomal evolution in island mice. Nature, 403: 158.

Brook B W, Sodhi N S, Ng P K L. 2003. Catastrophic extinctions follow deforestation in Singapore. Nature, 424 (6947): 420.

Brooke M De L, Rowe G. 1996. Behavioural and molecular evidence for specific status of light and dark morphs of the Herald Petrel *Pterodroma heraldica*. Ibis, 138: 420-432.

Burger W C. 1975. The species concept in *Quercus*. Taxon, 24: 45-50.

Buri P. 1956. Gene frequency in small populations of mutant *Drosophila*. Evolution, 10: 367-402.

Burma B H. 1949. The species concept: A discussion. Evolution, 3 (4): 369-373.

Bush G L. 1975. Modes of animal speciation. Annual Review of Ecological Systememamatics, 6: 339-364.

Cardillo M, Mace G M, Jones K E, et al. 2005. Multiple causes of high extinction risk in large mammal species. Science, 309: 1239-1241.

Carter G S. 1954. Animal Evolution. London: Sidgwick and Jackson Limited, 368.

Chan T Y, Hung M S, Yu H P. 1995. Identity of *Eriocheir recta* (Stimpson, 1858) (Decapoda: Brachyura), with description of a new crab from Taiwan. Journal of Crustacan Biology, 15 (2): 301-308.

Clavero M, García-Berthou E. 2005. Invasive species are a leading cause of animal extinctions. Trends in Ecology and Evolution, 20 (3): 110.

Cody M L. 1969. Convergent characteristics in sympatric species: a possible relation to interspecific competition and aggression. Condor, 71: 222-239.

Cook L M, Soltis P S. 1999. Mating systems of diploid and allotetraploid populations of *Tragopogon* (Asteraceae) I. Natural Populations. Heredity, 82: 237-244.

Cook S C A, Lefebvre C, Mcneilly T. 1972. Competition between metal tolerant of normal plant populations on normal soil. Evolution, 26 (3): 366-372.

Cowan S T. 1955. Introduction: The philosophy of classification. Journal of Genetic Microbiology, 12: 314-321.

Coyne J A. 1984. Genetic basis of male sterility in hybrids between two closely related species of *Drosophila*. Proceedings of the National Academy of Sciences of the United States of America, 81: 4444-4447.

Coyne J A, Orr H A. 1989. Patterns of speciation in *Drosophila*. Evolution, 43: 362-381.

Coyne J A, Orr H A. 1997. Patterns of speciation in *Drosophila* (Revisited). Evolution, 51: 295-303.

Cracraft J. 1983. Species concepts and speciation analysis. Current Ornithology, 1: 159-187.

Cracraft J. 1987. Species Concepts and the Ontology of Evolution. Biology and Philosohy, 2: 329-346.

Cracraft J. 1989. Speciation and its ontology: the empirical consequences of alternative species concepts for

understanding patterns and processes of differentiation. *In*: Otte E, Endler J A. Speciation and Its Conse-
quences. Sunderland (MA): Sinauer Associates.

Cronquist A. 1978. Once again, what is a species? *In*: Knutson L BioSystematics in Agriculture. Alleheld
Osmun, Montclair, NJ.

Cronquist A. 1988 The Evolution and Classification of Flowering Plants (2nd Edition). Bronx (NY): The
New York Botanical Garden, 556.

Darwin C. 物种起源. 1963. 周建人，叶笃庄，方宗熙译. 北京：商务印书馆，575.

Ødegaard F. 2000. How many species of arthropods? Erwin's estimate revised. Biological Journal of the Lin-
nean Society, 71: 583-597.

DeGeorges P A, Reilly B K. 2009. The realities of community based natural resource management and biodi-
versity conservation in sub-Saharan Africa. Sustainability, 1: 734-788.

Denise T S H, Ali F, Kutty S N, et al. 2008. The need for specifying species concepts: How many species
of silvered langurs (*Trachypithecus cristatus* group) should be recognized? Molecular Phylogenetics and
Evolution, 49: 688-689.

de Pinna M C C. 1999. Species concepts and phylogenetics. Reviews in Fish Biology and Fisheries, 9:
353-373.

de Queiroz K. 2005. Ernst Mayr and the modern concept of species. Proceedings of the National Academy of
Sciences of the United States of America, 102 (suppl. 1): 6600-6607.

de Queiroz K. 2007. Species concepts and species delimitation. Systematic Biology, 56 (6): 879-886.

Desalle R, Giddings L V. 1986. Discordance of nuclear and mitochondrial DNA phylogenies in Hawaiian
Drosophila. Proceedings of the National Academy of Sciences of the United States of America, 83 (18):
6902-6906.

Diamond J. 1988. Factors controlling species diversity: overview and synthesis. Annals of the Missouri Bo-
tanical Garden, 75 (1): 117-129.

Dijkshoorn L, Ursing B M, Ursing J B. 2000. Strain, clone and species: comments on three basic concepts
of bacteriology. Journal of Medical Microbiology, 49: 397-401.

Dillon S, Fjeldså J. 2005. The implications of different species concepts for describing biodiversity patterns
and assessing conservation needs for African birds. Ecography, 28: 682-692.

Dobzhansky T. 1935. A critique of the species concept in biology. Philosophy of Science, 2: 344-355.

Dobzhansky T. 1937. Genetics and The Origin of Species. New York: Columbia University Press, 364.

Dobzhansky T. 1950. Mendelian populations and their evolution. American Naturalist, 74: 312-321.

Dobzhansky T. 1953. Natural hybrids of two species of *Arctostaphylos* in the Yosemite Region of California.
Heredity, 7: 73-79.

Dobzhansky T. 1970. Genetics of The Evolutionary Process. New York: Columbia University Press, 503.

Dobzhansky T, Ayala F J, Stebbins G L, et al. 1977. Evolution. San Francisco: W. H. Freeman and
Company, 572.

Dodd D M B. 1989. Reproductive isolation as a consequence of adaptive divergence in *Drosophila pseudoob-
scura*. Evolution, 43 (6): 1308-1311.

Donoghue M J. 1985. A critique of the biological species concept and recommendations for a phylogenetic al-
ternative. The Bryologist, 88: 172-181.

Du Rietz G E. 1930. The fundamental units of biological taxonomy. Svensk Bot Tidskr, 24: 333-428.

Echelle A A, Carson E W, Echelle A F, et al. 2005. Historical biogeography of the new-world pupfish genus *Cyprinodon* (Teleostei: Cyprinodontidae). Copeia, 2: 320-339.

Echelle A A, Dowling T E. 1992. Mitochondrial DNA variation and evolution of the death valley pupfishes (*Cyprinodon*, Cyprinodontidae). Evolution, 46: 193-206.

Eigen M. 1993. Viral quasispecies. Scientific American, 269: 32-39.

Eldredge N, Cracraft J. 1980. Phylogenetic Analysis and The Evolutionary Process. New York: Columbia University Press.

Elton C. 1927. Animal Ecology. New York: Macmillan, 207.

Ereshefsky M. 1992. The Units of Evolution: Essays on the Nature of Species. Cambridge: MIT Press, 405.

Erwin T L. 1982. Tropical forests: their richness in Coleoptera and other arthropod species. Coleopterists Bulletin, 36: 74-75.

Erwin T L. 1991. How many species are there? revisited. Conservation Biology, 5: 1-4.

Florin A B, Oedeen A. 2002. Laboratory environments are not conducive for allopatric speciation. Journal of Evolutionary Biology, 15: 10-19.

Funk D J. 1998. Isolating a role for natural selection in speciation: host adaptation and sexual isolation in *Neochlamisus bebbianae* leaf beetles. Evolution, 52: 1744-1759.

Futuyma D J. 1998. Evolutionary Biology (3rd ed.). Sunderland (MA): Sinauer Associates, Inc. 751.

Gallardo M H, Bickham J W, Honeycutt R L, et al. 1999. Discovery of tetraploidy in a mammal. Nature, 401: 341.

Gartner S, McGuirk J P. 1979. Terminal cretaceous extinction scenario for a catastrophe. Science, 206 (4424): 1272- 1276.

Gavrilets S, Li H, Vose M D. 1998. Rapid parapatric speciation on holey adaptive landscapes. Proceedings of the Royal Society of London (B), 265: 1483-1489.

George T. 1956. Biospecies, chronospecies and morphospecies. 123-137. *In*: Sylvester-Bradley P The Species Concept in Paleontology. London: Systematics Association.

Ghiselin M T. 1974. A radical solution to the species problem. Systematic Zoology, 23: 536-544.

Gibbs A J, Gibbs M J. 2006. A broader definition of 'the virus species'. Archives of Virology, 151: 1419-1422.

Gillespie R G, Croomt H B, Palumbi S R. 1994. Multiple origins of a spider radiation in Hawaii. Proceedings of the National Academy of Sciences of the United States of America, 91: 2290-2294.

González-Forero M. 2009. Removing ambiguity from the biological species concept. Journal of Theoretical Biology, 256: 76-80.

Grant P R, Grant B R. 2002a. Adaptive radiation of Darwin's finches: recent data help explain how this famous group and galapagos birds evolved, although gaps in our understanding remain. American Scientist: 130-135.

Grant P R, Grant B R. 2002b. Unpredictable evolution in a 30-year study of Darwin's finches. Science, 196: 707-711.

Green D M, Sharbel T F, Kearsley J, et al. 1996. Postglacial range fluctuation, genetic subdivision and speciation in the western north American spotted frog complex, *Rana pretiosa*. Evolution, 50 (1): 374-390.

Grinnell J. 1917. The niche relationships of the California thrasher. Auk, 34: 427-433.

Grinnell J. 1924. Geography and evolution. Ecology, 5: 225-229.

Gurevitch J, Padilla D K. 2004. Are invasive species a major cause of extinctions? Trends in Ecology and Evolution, 19: 470-474.

Haffer J. 2004. Ernst Mayr: Intellectual leader of Ornithology. Journal of Ornithology, 145 (3): 163-176.

Harlan J R, de Wet J M. 1963. The compilospecies concept. Evolution, 17 (4): 497-501.

Hennig W. 1950. Grundzuge einer Theorie der phylogenetischen Systematik. Berlin: Deutscher Zentralverlag, 370.

Hennig W. 1965. Phylogenetic systematics. Annual review of Entomology, 10: 97-116.

Hennig W. 1966. Phylogenetic Systematics. Urbana: University of Illinois Press, 263.

Hey J. 2006. On the failure of modern species concepts. Trends in Ecology and Evolution, 21 (8): 447-450.

Hickman J C. 1993. The Jepson Manual, Higher Plants of University. California: California Press, 1424.

Higashiyama T, Yabe S, Sasaki N, et al. 2001. Pollen tube attraction by the synergid cell. Science, 293: 1480-1481.

Hillis D M. 1981. Premating Isolating mechanisms among three species and the *Rana pipiens* complex in texas and southern oklahoma. Copeia, 2: 312-319.

Hillis D M, Collins J T, Bogart J P. 1987. Distribution of diploid and tetraploid species of gray tree frogs (*Hyla chrysoscelis* and *Hyla versicolor*) in Kansas. American Midland Naturalist, 117 (1): 214-217.

Hoelzel A R, Fleischer R C, Campagna C, et al. 2002. Direct evidence for the impact of a population bottleneck on symmetry and genetic diversity in the northern elephant seal. Journal of Evolutionary Biology, 15: 567-575.

Hoelzel A R, Halley J, O'Brien S J, et al. 1993. Elephant seal genetic variation and use of simulation models to investigate historical population bottlenecks. Journal of Heredity, 84: 443-449.

Hovanitz W. 1949. Interspecific matings between *Colias eurytheme* and *Colias philodice* in wild populations. Evolution, 3 (2): 170-173.

Huey R B, Pianka E R, Egan M E, et al. 1974. Ecological shifts in sympatry: Kalahari fossorial lizards (*Typhlosaurus*). Ecology, 55: 304-316.

Hutchinson G E. 1957. Concluding remarks. Cold Spring Harbor Symposia on Quantitative Biology, 22: 415-427.

Huxley J. 1940. The New Systematics. London: Oxford University Press, 583.

Huxley J. 1943. Evolution: The Modern Synthesis. London: Allen & Unwin, 645.

Jiggins C D. 2006. Sympatric speciation: why the controversy? Current Biology, 16 (9): 333-334.

Johnson N K, Remsen Jr J V, Cicero C. 1999. Resolution of the debate over species concepts in ornithology: a new comprehensive biologic species concept. *In*: Adams N J, Slotow R H. Proceedings of the 22nd International Ornithological Congress, Durban. BirdLife South Africa, Johannesburg, 1470-1482.

Kaplan A. 1946. Definition and specification of meaning. The Journal of Philosophy, 43 (11): 281-288.

Kelley R I, Robinson D, Puffenberger E G, et al. 2002. Amish lethal microcephaly: a new metabolic disorder with severe congenital microcephaly and 2-ketoglutaric aciduria. American Journal of Medical Genetics, 112: 318-326.

King M. 1993. Chromosomal speciation revisited (again). Species evolution. The Role of Chromosome Change. Cambridge: Cambridge University Press, 336.

Kitcher P. 1984. Species. Philosophy of Science, 51: 308-333.

Knowlton N, Weigt L A. 1988. New dates and new rates for divergence across the Isthmus of Panama. Proceedings of the Royal Society of London (B), 265: 1412-1416.

Knowlton N, Weigt L A, Solorzano L A, et al. 1993. Divergence in proteins, mitochondrial DNA, and reproductive compatibility across the Isthmus and Panama. Science, 260: 1629-1632.

Kornet D. 1993. Permanent splits as speciation events: a formal reconstruction of the internodal species concept. Journal of Theory on Biology, 164: 407-435.

Kornet D, McAllister J W. 2005. The composite species concept. In: Reydon T A C, Hemerik L. Current Themes in Theoretical Biology. New York: Springer, 95-127.

Korol A, Rashkovetsky E, Iliadi K, et al. 2000. Nonrandom mating in Drosophila melanogaster laboratory populations derived from closely adjacent ecologically contrasting slopes at "evolution canyon". Proceedings of the National Academy of Sciences of the United States of America, 97 (23): 12637-12642.

Kutschera U. 2003. A comparative analysis of the Darwin-Wallace Papers and the development of the concept of natural selection. Theory in Bioscience, 122: 343-359.

Kutschera U. 2004. Species Concepts: Leeches versus Bacteria. Lauterbornia, 52: 171-175.

Lachaise D, Harry M, Solignac M, et al. 2000. Evolutionary novelties in islands: Drosophila santomea, a new Melanogaster sister species from Sao Tome. Proceedings of the Royal Society of London (B), 267: 1487-1495.

Liebers D, de Knijff P, Helbig A J. 2004. The herring gull complex is not a ring species. Proceedings of Biological Science, 271 (1542): 893-901.

Linder H P, Crisp M D. 1995. Nothofagus and Pacific biogeography. Cladistics, 11 (1): 5-32.

Li P, Liu D, Zhou C F. 2006. A new species of Thraulus from Nanjing (Eastern China) with single first gill (Insecta: Ephemeroptera: Leptophlebiidae). Zoological Science, 23 (7): 641-645.

Lovette I J, Bermingham E. 1999. Explosive speciation in the New World Dendroica warblers. Proceedings of the Royal Society of London (B), 266: 1629-1636.

Lubchenco J. 1998. Entering the century of the environment: A new social contract for science. Science, 279: 491-497.

Lugo A E. 1988. Estimating reductions in the diversity of tropical forest species. In: Wilson E O. Biodiversity. Washington D C: National Academy Press. 58-70.

Maan M E, Hofker K D, van Alphen J J M, et al. 2006. Sensory drive in cichlid speciation. The American Naturalist, 167: 947-954.

Mallet J. 1995. A species definition for the modern synthesis. Trends in Ecology and Evolution, 10: 294-299.

Mallet J. 2009. Alfred Russel Wallace and the Darwinian Species Concept: His paper on the Swallowtail Butterflies (Papilionidae) of 1865. Gayana (Supple), 73 (2): 42-54.

Mayden R L. 1997. A hierarchy of species concepts: the denouement in the saga and the species problem. In: Claridge M F. Species: the Units of Biodiversity. London: Chapman & Hall, 381-424.

Mayden R L. 2002. On biological species, species concepts and individuation in the natural world. Fish and Fisheries, 3: 171-196.

Mayr E. 1940. Speciation phenomena in birds. The American Naturalist, 74 (752): 249-278.

Mayr E. 1942. Systematics and the origin of species from the viewpoint of a zoologist. New York: Columbia

University Press，372.

Mayr E. 1957. Species concepts and definitions. *In*：Mayr E. The Species Problem. Washington：American Association for the Advancement of Science，1-22.

Mayr E. 1963. Animal Species and Evolution. Cambridge：Harvard University Press，811.

Mayr E. 1969. Principles of Systematic Zoology. New York：McGraw-Hill, Inc. ，428.

Mayr E. 1970. Populations，Species，and Evolution. Cambridge (Mass.)：Harvard University Press，453.

Mayr E. 1982. The Growth of Biological Thought：Diversity，Evolution，and Inheritance. Cambridge and London：the Belknap Press and Harvard University Press，992.

Mayr E. 1988. The why and how of species. Biology and Philosophy，3：431-441.

Mayr E. 1992. A local flora and the biological species concept. American Journal of Botany，79：222-238.

Mayr E. 1996. What is a species，and what is not? Philosophy of Science，63：262-277.

Mayr E. 2001. Wu's genic view of speciation. Journal of Evolutionary Biology，14：866-867.

Mayr E. 2003. 进化是什么. 田洛译：上海：上海科学技术出版社，259.

Mayr E，Ashlock P D，1991. Principles of Systematic Zoology. New York：McGraw-Hill，475.

Mayr E，Linsley E G，Usinger R L. 1953. Methods and Principles of Systematic Zoology. New York-London：McGraw-Hill，328.

May R M. 1988. How many species are there on earth. Science，241：1441-1449.

May R M. 1992. How many species inhabit the earth? Scientific American，267：42-48.

McKinney M L. 1997. Extinction vulnerability and selectivity：combining ecological and paleontological views. Annual Review of Ecology and Systematics，28：495-516.

McKinnon J S，Mori S，Blackman B K，et al. 2004. Evidence for ecology's role in speciation. Nature，429：294-298.

McKitrick M E，Zink R M. 1988. Species concepts in ornithology. The Condor，90：1-14.

McLean D M. 1978. A terminal mesozoic "greenhouse"：lessons from the past. Science，201：401-406.

Meffert L M，Bryant E H. 1991. Mating propensity and courtship behavior in serially bottlenecked lines of the housefly. Evolution，45：293-306.

Menotti-Raymond M，O'Brien S J. 1993. Dating the genetic bottleneck of the African Cheetah. Proceedings of the National Academy of Sciences of the United States of America，90 (8)：3172-3176.

Merrell D J. 1981. Ecological Genetics. London：Longman Inc. ，500.

Miller R R. 1950. Speciation in fishes of the genera *Cyprinodon* and *Empetrichthys*，inhabiting the Death Valley region. Evolution，4 (2)：155-163.

Mishler B D，Brandon R N. 1987. Individuality，pluralism，and the phylogenetic species concept. Biology and Philosophy，2：397-414.

Mock K E，Theimer T C，Jr. Rhodes O E，et al. 2002. Genetic variation across the historical range of the Wild Turkey (*Meleagris gallopavo*). Molecular Ecology，11 (4)：643-657.

Moore J A. 1954. Geographic and genetic isolation in Australian amphibia. The American Naturalist，88 (839)：65-74.

Myers N. 1988. Tropical forests and their species：Gong, Gong? *In*：Wilson E O Biodiversity. Washington DC：National Academy Press：28-35.

Myers N. 2000. Biodiversity hotspots for conservation priorities. Nature，403：853-858.

Nebel A，Filon D，Faerman M，et al. 2005. Y chromosome evidence for a founder effect in Ashkenazi

Jews. European Journal of Human Genetics, 13: 388-391.

Nelson G, Platnick N I. 1981. Systematics and Biogeography: Cladistics and Vicariance. New York: Columbia University Press, 567.

Nelson J S. 1999. Editorial and introduction: The species concept in fish biology. Reviews in Fish Biology and Fisheries, 9: 277-280.

Nixon K C, Wheeler Q D. 1990. An amplification of the phylogenetic species concept. Cladistics, 6: 211-223.

Nosil P. 2007. Divergent host plant adaptation and reproductive isolation between ecotypes of *Timema cristinae* walking sticks. The American Naturalist, 169: 151-162.

Nosil P, Crespi B J, Sandoval C P. 2002. Host-Plant adaptation drives the parallel evolution and reproductive isolation. Nature, 417: 440-443.

O'Brien E, Kerber R A, Jorde L B, et al. 1994. Founder effect: assessment of variation in genetic contributions among founders. Human Biology, 66 (2): 185-204.

Ødegoard F. 2000. How many species of arthropods? Erwin's estimate revised. Biological Journal of the Linnean Societr 71: 583-597.

Otto S P, Whitton J. 2000. Polyploid incidence and evolution. Annual Review of Genetic, 34: 401-437.

Paterson H. 1985. The recognition concept of species. *In*: Vrba E. Species and Speciation. Transvaal Museum, Pretoria, 21-29.

Pfennig D W, Murphy P J. 2003. A test of alternative hypotheses for character divergence between coexisting species. Ecology, 84: 1288-1297.

Pleijel F, Rouse G W. 2000. Least-inclusive taxonomic unit: a new taxonomic concept for biology. Proceedings of the Royal Society of London (B), 267: 627-630.

Raup D M. 1986. Biological extinction in earth history. Science, 231 (4745): 1528-1533.

Raup D M. 1994. The role of extinction in evolution. Proceedings of the National Academy of Sciences of the United States of America, 91 (15): 6758-6763.

Raup D M, Sepkoski J J. 1982. Mass extinctions in the marine fossil record. Science, 215 (4539): 1501-1503.

Raven P H. 1983. The challenge of tropical biology. Bulletin of the Entomological Society of America, 29 (1), 4-12.

Ray G C. 1988. Ecological diversity in coastal zones of oceans. *In*: Wilson E O. Biodiversity. Washington D C: National Academy Press, 36-50.

Redford K H. 2002. The last tasmanian tiger: the history and extinction of the Thylacine. Journal of Mammalogy, 83 (2): 634.

Regan C T. 1926. Organic evolution. Report of the British Association for the Advancement of Science, 1925: 75-86.

Regan J L, Meffert L M, Bryant E H. 2003. A direct experimental test of founder-flush effects on the evolutionary potential for assortative mating. Journal of Evolutionary Biology, 16: 302-312.

Reid W V, Miller K R. 1989. Keeping options alive: the scientific basis for conserving biological diversity. World Resources Institute, Washington D C, 128.

Reinert H K. 1984. Habitat separation between sympatric snake populations. Ecology, 65 (2): 478-486.

Rice W R, Hostert E E. 1993. Laboratory experiments on speciation: what have we learned in forty years?

Evolution, 47: 1637-1653.

Ridley M. 1989. The cladistic solution to the species problem. Biology and Philosophy, 4: 1-16.

Ridley M. 1993. Evolution. Oxford: Blackwell Scientific Publications, 670.

Roberts D L, Solow A R. 2003. Flightless birds: when did the dodo become extinct? Nature, 425 (6964): 245.

Rosen D E. 1978. Vicariant patterns and historical explanation in biogeography. Systematic Zoology, 27: 159-188.

Rosen D E. 1979. Fishes from the uplands and intermontane basics of Guatemala: revisionary studies and comparative biogeography. Bulletin of the American Museum of Natural History, 162: 267-376.

Rundle H D, Nagel L, Boughman J W, et al. 2000. Natural selection and parallel speciation in sympatric sticklebacks. Science, 287: 306-308.

Russell D A. 1979. The enigma of the extinction of the dinosaurs. Annual Review of Earth and. Planetary Sciences, 7: 163-182.

Sakai T. 1983. Description of new genera and species of Japanese crabs, together with systematically and biogeographically interesting species. Research on Crustacea, 12: 1-44.

Samadi S, Barberousse A. 2006. The tree, the network, and the species. Biological Journal of the Linnean Society, 89: 509-521.

Sandoval C P, Nosil P. 2005. Counteracting selective regimes and host preference evolution in ecotypes of two species of walking-sticks. Evolution, 59 (11): 2405-2413.

Sato A, O'huigin C, Figueroa F, et al. 1999. Phylogeny of Darwin's finches as revealed by mtDNA sequences. Proceedings of the National Academy of Sciences of the United States of America, 96: 5101-5106.

Savolainen R, Vepsäläinen K. 2003. Sympatric speciation: through intraspecific social parasitism. Proceedings of the National Academy of Sciences of the United States of America, 100: 7169-7174.

Savolainen V, Anstett M, Lexer C, et al. 2006. Sympatric speciation in palms on an oceanic island. Nature, 441: 210-213.

Schliewen U K, Kocher T D, Mckaye K R, et al. 2006. Evolutionary biology: evidence for sympatric speciation? Nature, 444: 12-13.

Schmitt T, Hewitt G M, Müller P. 2006. Disjunct distributions during glacial and interglacial periods in mountain butterflies: Erebia epiphron as an example. Journal of Evolutionary Biology, 19 (1): 108-113.

Seddon N, Tobias J A. 2007. Song divergence at the edge of Amazonia: an empirical test of the peripatric speciation model. Biological Journal of the Linnean Society, 90: 173-188.

Seehausen O, van Alphen J J M, Wite F. 1997. Cichlid fish diversity threatened by eutrophication that curbs sexual selection. Science, 277: 1808-1811.

Sibley C G. 1950. Species Formation in the red-eyed towhees of Mexico. Univ Calif Publ Zool, 50: 109-194.

Sibley C G, West D A. 1959. West hybridization in the rufous-sided towhees of the Great Plains. Auk, 76: 326-338.

Siemers B M, Schnitzler H U. 2004. Echolocation signals reflect niche differentiation in five sympatric congeneric bat species. Nature, 429: 657-661.

Simpson G G. 1951. The Species Concept. Evolution, 5 (4): 285-298.

Simpson G G. 1961. Principles of Animal Taxonomy. New York: Columbia University Press, 247.

Sites J W Jr, Marshall J C. 2003. Delimiting species: A renaissance issue in systematic biology. Trends in Ecology and Evolution, 18 (9): 462-470.

Smith F D M, May R M, Pellew R, et al. 1993. How much do we know about the current extinction rate? Trends in Ecology & Evolution, 8 (10): 375-378.

Sneath P H A. 1976. Taxonomy at the Species Level and above. Taxon, 25 (4): 437-450.

Sneath P H A, Sokal R R. 数值分类学: 数值分类的原理和应用. 赵铁桥译. 北京: 科学出版社, 407.

Sokal R R. 1973. The species problem reconsidered. Systematic Zoology, 22: 360-374.

Sokal R R, Crovello T J. 1963. The biological species concept: a critical evaluation. The American Naturalist, 104 (936): 127-153.

Sokal R R, Sneath P H A. 1963. Principles of Numerical Taxonomy. San Francisco: W. H. Freeman, 359.

Sorenson M D, Sefc K M, Payne R B. 2003. Speciation by host switch in brood parasitic indigobirds. Nature, 424: 928-931.

Spooner D M W, Hetterscheid L A, van den Berg R G, et al. 2003. Plant nomenclature and taxonomy an horticultural and agronomic perspective. Horticultural Reviews, 28: 1-60.

Stork N E. 1993. How many species are there? Biodiversity and Conservation, 2: 215-232.

Stork N E, Gaston K J. 1990. Counting species one by one. New Scientist, 1729: 43-47.

Stuessy T F. 2006. Evolutionary biology: sympatric plant speciation in islands? Nature, 443: E12-13.

Stuessy T F. 2009. Plant Taxonomy: the Systematic Evaluation of Comparative Data. 2nd ed. New York: Columbia University Press, 539.

Sundin O H, Yang J M, Li Y, et al. 2000. Genetic basis of total colour blindness among the Pingelapese islanders. Nature Genetics, 25 (3): 289-293.

Swenson U, Hill R S, Mcloughlin S. 2001. Biogeography of *Nothofagus* supports the sequence of Gondwana break-up. Taxon, 50: 1025-1041.

Tang B P, Zhou K Y, Song D X. 2003. Molecular systematics of the Asian mitten crabs, Genus *Eriocheir* (Crustacea: Brachyura). Molecular Phylogenetics and Evolution, 29 (2): 309-316.

Tattersall I. 2007. Madagascar's lemurs: cryptic diversity or taxonomic inflation? Evolutionary Anthropology, 16: 12-23.

Templeton A R. 1989. The meaning of species and speciation: a genetic perspective. *In*: Otte D, Endler J A. Speciation and Its Consequences. Sunderland (MA): Sinauer Associates, 4-27.

Tian Y, Nie W H, Wang J H, et al. 2004. Chromosome evolution in bears: reconstructing phylogenetic relationships by cross-species chromosome painting. Chromosome Research, 12: 55-63.

Tipping A J, Pearson T, Morgan N V, et al. 2001. Molecular and genealogical evidence for a founder effect in *Fanconi anemia* families of the Afrikaner population of South Africa. Proceedings of the National Academy of Sciences of the United States of America, 8: 5734-5739.

Turesson G. 1922. The genotypic response of the plant species to the habitat. Hereditas, 3: 211-350.

Turesson G. 1929. Zur nature und begrenzung der artenheiten. Hereditas, 12: 323-334.

Turner G F, Seehausen O, Knight M E, et al. 2001. How many species and cichlid fishes are there in African lakes? Molecular Ecology, 10: 793-806.

Turrill W B. 1946. The ecotype concept. A consideration with appreciation and criticism, especially of recent trends. New Phytologist, 45 (1): 34-43.

van Valen L. 1976. Ecological species, multispecies, and oaks. Taxon, 25: 233-239.

Verheyen E, Salzburger W, Snoeks J, et al. 2003. Origin of the superflock of cichlid fishes from lake Victoria, East Africa. Science, 300: 325.

Wagner W H Jr. 1969. The role and taxonomic treatment of hybrids. Bioscience, 19: 785-789, 795.

Wagner W H Jr. 1983. Reticulistics: The recognition of hybrids and their role in cladistics and classification. *In*: Platnick N I, Funk V A. Advances in Cladistics. New York: Columbia Univ Press, 63-79.

Waples R S. 1991. Pacific salmon, *Oncorhynchus* spp., and the definition of 'species' under the Endangered Species Act. Marine Fisheries Review, 53: 11-22.

Wayne L G, Brenner D J, Colwell R R, et al. 1987. Report of the ad hoc committee on reconciliation of approaches to bacterial systematics. International Journal of Systematics and Bacteriology, 37: 463-464.

Wexler N S, Lorimer J, Porter J, et al. 2004. Venezuelan kind reds reveal that genetic and environmental factors modulate Huntington's disease age and onset. Proceedings of the National Academy of Sciences of the United States of America, 101 (10): 3498-3503.

Wheeldon T, White B N. 2009. Genetic analysis of historic western Great Lakes region wolf samples reveals early *Canis lupus/lycaon* hybridization. Biology Letters, 5: 101-104.

Wheeler Q D, Meier R. 2000. Species concepts and phylogenetic theory: A debate. New York: Columbia University Press. 230.

White M J D. 1978. Modes of Speciation. San Francisco: Freeman, 455.

Wiley E O. 1978. The evolutionary species concept reconsidered. Systematic Zoology, 27: 17-26.

Wiley E O, Mayden R L. 1985. Species and speciation in phylogenetic systematics, with examples from the North American fish fauna. Annals of the Missouri Botanical Garden, 72: 596-635.

Wilkins J S. 2006a. The concept and causes of microbial species. History and Philosophy of the Life Sciences, 28 (3): 389-408.

Wilkins J S. 2006b. Species, kinds, and evolution. Reports of the National Center for Science Education, 26 (4): 36-45.

Wilkins J S. 2009. Species: A History of the Idea. Berkeley: University of California Press, 320.

Wilson E O. 1992. The Diversity of Life. New York: WW Norton & Co Inc., 424.

Wu C I. 2001. The genic view of the process of speciation. Journal of Evolutionary Biology, 14: 851-865.

Zhou C F. 2004. A new species of genus *Gilliesia* Peters and Edmunds from China. Zootaxa, 421: 1-4.

Zhou C F, Zheng L Y. 2001. A new species of the genus *Neoephemera* McDunnough from China (Ephemeroptera: Neoephemeridae). Aquatic Insects, 23 (4): 327-330.

Zink R M, McKitrick M C. 1995. The debate over species concepts and its implications for ornithology. Auk, 112: 701-719.

中 文 索 引

西 文 索 引